物理のキーポイント 2

キーポイント 電磁気学

和達三樹・薩摩順吉　編

物理のキーポイント●2
キーポイント　電磁気学

生井澤 寛

岩波書店

編集にあたって

　大学の理工系学部において，どうしても修めなければならない基礎科目の1つに物理がある．人によっては，大学に入ったとたん物理が難しくなったと感じる人がいる．数学をやっているようだという人もいる．また，高校では物理をとっていなかったのでさっぱり理解できないという人もいる．とどのつまり，物理は私には縁遠いものだから，適当に勉強しておいて単位だけとればいいと判断してしまう学生も多い．ところが，そういう人は専門分野を勉強するときに後悔することになる．

　物理が必修の基礎科目になっている理由は，理工学のどの分野においても物理の知識と考え方が必要だからである．たとえば，力学は構造物の性質を考えるときの基本となるものであり，電磁気学は物体の電気的特性を扱う際に不可欠の知識である．また，その名が示すように，熱・統計力学は熱的現象の議論に欠かせず，連続体力学は水の流れのように連続しているとみなせるものの運動を議論する際の基礎である．さらに，量子力学はスケールがきわめて小さな現象を扱う場合に，どうしても考慮しなければならない学問である．

　化学や生物など物理以外の理学，また幅広い工学において，物理の知識をそれほど必要としない時期もあった．しかし，科学技術の進歩によって，どのような分野においても物理的な考え方が要求されるようになった．いまや，私は化学を専門とするから物理はいらない，物理とは関係のない工学を専攻する，ということはありえないのである．

このような状況の中で，本シリーズ「物理のキーポイント」は，物理を理解したいのだが，どの本を読んでもわかったためしがないという人たちのために刊行されたものである．

　標準的な物理の教科書は，必要な内容をすべて示すために，たくさんの公式や事実が並んでいることが多い．また，一般性を強調するあまり，かしこまった定義をしたり，高度な数式をひんぱんに用いたりしているため，どうしてもとっつきにくい．

　本シリーズではすべての事柄を網羅するという立場はとらない．また，教科書のような章・節といった体裁もとらない．そのかわりに，理工系の学生が最初に出会う素朴な疑問から出発して，ここが大切だ，この点がわかりにくいというポイントにテーマを絞る．そして，各ポイントはときによってはくどいほど説明を加える．説明はできるだけやさしくするように心がけているが，決して物理の本質はおろそかにしない．さらに，本文の理解を助け，かつ実践に役立つ例題が随所に挿入されている．

　本シリーズは，好評を持って迎えられた「理工系数学のキーポイント」の姉妹シリーズである．前シリーズと同様，執筆者自身の学習体験に基づいた難所・要所が解説されているのも特徴の一つである．執筆者はすべて第一線の物理研究者であり，日頃の研究・教育で培われた物理の考え方が，キーポイントを選び説明する際に，十分に反映されている．

　本シリーズを勉強して，物理のポイントをしっかり押さえることができれば，あとは驚くほど理解が進むにちがいない．さらに高度な内容の本を読んだり，難しい講義をきく際にも非常に気が楽になるであろう．物理を好きになりたい人，物理が好きだけどなかなか問題が解けない人，物理を何から勉強してよいかわからない人，物理をもう一度やり直したい人も，ぜひこのシリーズで基礎的な事柄を修得して，物理を学ぶ楽しみをつかんでほしい．

　このシリーズは，

　　1．キーポイント　　力学
　　2．キーポイント　　電磁気学

3. キーポイント　熱・統計力学
4. キーポイント　連続体力学
5. キーポイント　量子力学

の全5冊で構成されている．物理のすべての分野を尽くしているわけではないが，物理を使う立場にたったとき，欠かすことのできないものが選ばれている．また，高度な課題にもつながるように内容が工夫されている．各冊はそれぞれ1つの分野にまとめられており，上に掲げた順に読み進める必要はない．また，各冊のポイントは独立しているので，興味ある部分から読み始めてもよい．さらに，各冊とも大学1年あるいは2年程度の学力で読めるように配慮されている．

編者は，「物理のキーポイント」をまとめるにあたって，全冊の原稿を読み，執筆者にこと細かく注文をつけた．いったんできあがった原稿を書き直すという作業はきわめて気の滅入るものである．それにもかかわらず，快く改稿していただいた執筆者全員に感謝する．また，執筆者相互間の意見交換を頻繁に行うとともに，岩波書店編集部吉田宇一氏からも貴重な見解を数多くいただいた．このシリーズが読者諸君の役に立つものとなるならば，それはひとえにこのような努力によるものである．今後，読者諸君の意見も取り入れ，なおいっそうの改良を加えていきたい．

1995年8月

編者　和達三樹
薩摩順吉

まえがき

　電磁気学は，物理学の主要な柱の一本であり，その基礎を習得することは，物理学のみならず，自然科学の他の分野の理解に不可欠である．ところが，物理を学び始めて，多くの人が最初に挫折するのは，電磁気学であるという．その理由は，主に数学にある．電磁気学では，ベクトル解析が駆使され，勾配 grad，発散 div，回転 rot などの微分演算や，線積分，面積分，体積積分や周回積分（循環）などが現れて，わけがわからない，物理的イメージがつくれないといって先に進めない人が出てきてしまう．

　物理学を本格的に学ぶのは，ほとんどの人が，大学に入ってからであろう．ところが，さかのぼって高等学校の物理を見てみると，微分積分は数学でもほとんどやらないから，電磁気学で使うような数学は，大学で初めてお目にかかることになる．さらに追い討ちをかけるのは，高校では，ほとんど実験をしてきていないという点である．やったとしても，先生がデモンストレーションで済ますことが多い．

　そのために，本書では読者が自分でできる実験をたくさん用意した．構えてする実験ではなくて，身近にある物や道具で，机の上でもできるような実験を工夫した．すべての実験は，筆者が自ら実行し，結果も試し済みのものである．この際，まずは現象にふれ，何が，なぜと問いかけていき，予想も立てて，実行するという手続きをとった．さらに，例題も添えて，実験結果の分析も行なうようにした．

　その次に心がけたのは，既成のものだけでなく，読者にとって未知と思

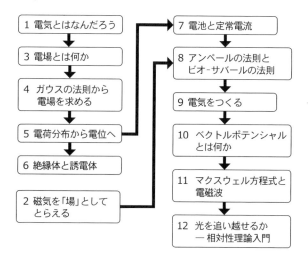

われる概念を，どうわかりやすく紹介し構成するかである．そして，場の概念を中心にすえ，最終目標をマクスウェル方程式と電磁波に置き，相対論への入門を加えた．

各 ポイント 間の関係を図に示した．個々の用語や概念がわからないうちは十分に理解できないかもしれないが，参考までに，各 ポイント のおよその内容をまとめておこう．

まず ポイント 1 では，摩擦の実験を行なって，「電気」とは何かを探る．「電気」は，量として測れる実体であり，「電荷」と呼ぶべきものであること，静電現象は，摩擦ではなくて，異なる物の接触が本質であることを突き止める．そのうえで，「電荷とは何か」「接触で何が起こるか」「電荷がなぜ物を引きつけるか」などの疑問に答える．

ポイント 2 では，磁気を扱う．磁石は，電気と同じように，物を引きつける．電気と同様，磁石には極が2種類あるが，電気と違って，磁石は分割しても常に N-S 極の対になり，単独の磁極(磁荷)に分離できない．磁石の周りに鉄粉をまけば，磁気の場＝磁場が，大きさと方向を持つベクトル場であることをたやすく見ることができる．場という概念が，電磁気学を理解するうえで，ポイントとなることを以後再三見るであろう．

ポイント 1 では，電荷間の力については，定性的理解しかわからなかった．

クーロンは，電気力が距離の2乗に反比例し，電荷の積には比例，方向は電荷間を結ぶ直線に沿うことを発見した．これを ポイント 3 で，量の関係として式で表わせば，クーロンの法則が得られる．電荷がたくさんあるときは，1つの電荷に働く力は，ほかのすべての電荷からの力をベクトルとして加えれば求められる．これを**重ね合わせの原理**と呼び，電磁気学にとどまらず，他の多くの分野で成り立つ指導原理となっている．

任意の場所の電気力がわかれば，電場を「電気力÷探り電荷量」と定めよう．したがって電場は，クーロンの法則，電荷の配置と重ね合わせの原理から計算できる．逆に，電場から，その源である電荷とその配置を知ることができるだろうか．その答は**ガウスの法則**にある．ガウスの法則の微分形から，発散という微分演算を電場についてとると，電荷密度に帰着する．ポイント 4 では，ガウスの法則を応用し，電荷分布の対称性に注目して電場を求める．さらに，電場のする仕事が，電荷を運ぶ道筋によらないことから，静電場が渦なし(電場の回転がゼロ)であることを知る．これより，電位(電気的ポテンシャル)が定義され，電場は電位の勾配の負符号として導かれる．

これで，場についての3つの微分演算(発散，回転，勾配)が登場し，ベクトル解析の基本がそろう．ここからより深い電磁気学の理解に進む．

続く ポイント 5 では，電荷分布から電位を求める．基本となる電位は，点電荷のクーロンポテンシャルであり，電荷の系の全エネルギーより，電場のエネルギー密度を求める．

場という概念をもっとよく理解するために，ポイント 6 では，静電場中の物質に注目する．自由に動きうる電荷を持つ導体と，電荷が自由に動けない絶縁体で，どういう性質が現れるかを見ていこう．

電池の発明により，電荷の流れである電流が続けて得られるようになった．ポイント 7 では，この電池の発明がさまざまの発見につながった様子を見る．電流による現象でもっとも目覚しいのは，ポイント 8 に見る磁気作用である．電荷は，静止状態では電場をつくるが，運動すると磁場をつくる．こうして電気現象と磁気現象が結びつく．逆に，磁場からその源である電流を取り出すのが，**アンペールの法則**である．磁場の回転が電流を与

える．

　動く電荷が磁場をつくるなら，動く磁石は電場をつくるのではないか．じっさい ポイント9 で，コイルに棒磁石を出し入れすると，出し入れの瞬間に電流が流れる．電磁誘導である．微分形で表わすと，誘導電場の回転が，磁場の時間変化の逆符号となる(**ファラデー**の**電磁誘導の法則**)．

　静電場は，渦なしの性質から，スカラーポテンシャル(電位)により記述できる．これに対し静磁場は，単独の磁荷がないから，湧き出しが消える(発散がゼロ)．この性質から，磁場は，ベクトルポテンシャルというベクトル場の回転で記述できることを ポイント10 で見る．これらの電磁的ポテンシャルにより，電磁気学が統一的に記述できる．さらに，回路系のエネルギーから磁場のエネルギー密度を求めよう．

　電場が時間変化すると何が起こるかを ポイント11 で考える．マクスウェルは，電場の時間変化が，アンペールの法則の右辺に加えるべき電流をもたらすことを示した．この修正により，電荷の保存則が保証され，電磁場に対する方程式のすべて(電場と磁場に対するガウスの法則，電磁誘導の法則，アンペール-マクスウェルの法則)がそろう．これらの方程式から，波動として伝播する電磁場の解が導かれる．電磁波である．電磁波は，ヘルツにより発見され，光の仲間であることが示される．

　マクスウェル方程式の意義は，光や電磁波を予言したにとどまらない．光速は不変で，しかも有限だから，絶対時間は存在しないし，同時性も運動の有無で変わる．これらを突き詰めて考えたアインシュタインは，物理法則は系によらないこと(相対性原理)および真空中の光速はどの系でも同じこと(光速不変の原理)を要請して，相対性理論を提唱した．ポイント12 では，これらの原理を保証する時空の座標変換(ローレンツ変換)とその奇妙な結果とを紹介しよう．

　なお，本文のなかで示した **Q1** から **Q11** までの基本的な疑問については，岩波書店のホームページの本書のサイトにある「Q＆Aのコーナー」で答えることにする．なぜなら，それらに答えるには，電磁気学を超えて，ミクロの論理である「量子力学」が不可欠だからである．

目　次

編集にあたって
まえがき

ポイント 1　電気とはなんだろう

電気とはなんだろう …………………………………………… 2
「電気」を摩擦でつくる ………………………………………… 2
こすらなくても「電気」はできる …………………………… 3
電気の正体にせまる …………………………………………… 6
箔検電器を作って，電荷を調べよう ………………………… 9
電荷が物に近づくと何が起こるか──静電誘導 …………… 10

ポイント 2　磁気を「場」としてとらえる

磁気とはなんだろう …………………………………………… 16
磁気力は場だ …………………………………………………… 17
磁場の強さをどう表わすか …………………………………… 20
なぜ鉄は磁石に引きつけられるか──磁気誘導 …………… 21
いろいろな磁性体 ……………………………………………… 23

xiv──目次

ポイント 3 電場とは何か

電荷の間にはどんな力が働くか ……………………………… 28
数式表現のための準備──ベクトルと座標系 ………………… 29
クーロンの法則を式で表わそう ……………………………… 31
重ね合わせの原理 ……………………………………………… 34
電場とは何か …………………………………………………… 35
点電荷と電気双極子 …………………………………………… 37
電束密度とガウスの法則 ……………………………………… 42
ガウスの法則の微分形と積分形 ……………………………… 46
連続極限 ………………………………………………………… 48

ポイント 4 ガウスの法則から電場を求める

一様に帯電した球 ……………………………………………… 54
一様に帯電した平面による電場 ……………………………… 57
電場と仕事 ……………………………………………………… 61
仕事は道筋によるか …………………………………………… 63
静電場は渦なし ………………………………………………… 64
電気的ポテンシャル──電位 ………………………………… 69
電位から電場を出す …………………………………………… 71

ポイント 5 電荷分布から電位へ

電荷分布から電位へ …………………………………………… 78
連続分布の電荷による電場と電位 …………………………… 81
ポアソン方程式 ………………………………………………… 82

目 次——xv

　　点源はデルタ関数 …………………………………… 84
　　電場のエネルギー …………………………………… 86

ポイント 6　絶縁体と誘電体

　　導体とは何か ………………………………………… 90
　　電荷をためるキャパシター ………………………… 92
　　電場の中で絶縁体に何が起こるか ………………… 95
　　絶縁体の中のガウスの法則 ………………………… 97
　　誘電体中の電場 ……………………………………… 98
　　キャパシターに誘電体をはさむ …………………… 99
　　誘電体の中のクーロンの法則 ………………………102

ポイント 7　電池と定常電流

　　ボルタの電池 …………………………………………104
　　電気分解とメッキ ……………………………………107
　　電池による電流はなぜ定常的になるか ……………109
　　定常電流の電場 ………………………………………112
　　抵抗があると熱が出る——ジュール熱 ……………115
　　電気回路とキルヒホッフの法則 ……………………117

ポイント 8　アンペールの法則とビオ-サバールの法則

　　電流が磁場をつくり出す ……………………………120
　　電流間に力が働く ……………………………………122
　　運動する電荷に働く力——ローレンツ力 …………124

平行電流の間の力——アンペールの力の法則 ……………………126
電流のつくる磁場——ビオ-サバールの法則 ……………………127
静磁場についてのアンペールの法則 ………………………………130
アンペールの法則の応用 ……………………………………………132
円電流のつくる磁場——ビオ-サバールの法則の応用 …………136
磁化と面電流密度 ……………………………………………………139
磁化電流とアンペールの法則の拡張 ………………………………141

ポイント 9 電気をつくる

時間的に変わる磁場で何が起こるか …………………………………146
電磁誘導の法則 ………………………………………………………148
ローレンツ力による誘導電場 ………………………………………153
なぜ誘導起電力を生むか ……………………………………………155
電気をつくる——発電機の原理 ……………………………………156

ポイント 10 ベクトルポテンシャルとは何か

ベクトルポテンシャルの由来 ………………………………………162
ゲージ不変性 …………………………………………………………164
微小円電流のベクトルポテンシャル ………………………………168
ベクトルポテンシャルの物理的性質 ………………………………169
ループ電流の回路系ポテンシャル …………………………………170
磁場のエネルギー ……………………………………………………174
電磁場のエネルギー密度 ……………………………………………175

ポイント 11　マクスウェル方程式と電磁波

閉じていない回路に電流は流れるか ……………………… 180
電束電流は磁場をつくるか ………………………………… 182
電荷は保存されるか ………………………………………… 183
電磁気学の体系——マクスウェル方程式 ………………… 184
電磁波方程式を導く ………………………………………… 186
電磁ポテンシャルに対する電磁波方程式 ………………… 187
電磁波方程式から電磁波を取り出す ……………………… 189
平面波 ………………………………………………………… 193
境界条件に従う定在波 ……………………………………… 194
球面波と遅延ポテンシャル ………………………………… 197
電気双極子による電磁波放射 ……………………………… 199
ヘルツはいかに電磁波を発見したか ……………………… 203

ポイント 12　光を追い越せるか
　　　　　　——相対性理論入門

ガリレイの相対性 …………………………………………… 210
光の速さは運動で変わるか ………………………………… 211
絶対時間はあるのか ………………………………………… 213
慣性系の間の時空の変換則 ………………………………… 217
ローレンツ変換 ……………………………………………… 219
ローレンツ変換における長さと時間 ……………………… 221
光を追い越せない！ ………………………………………… 223
振動数・波数の変換，光のドップラー効果 ……………… 224

電磁場のローレンツ変換 ……………………………………227
固有の時間と質量エネルギー …………………………………230

あとがき ……………………………………………………………235
索　引 ………………………………………………………………237

〈付録〉

箔検電器の作り方　　14
ガウスの定理　　52
ストークスの定理　　75

装幀＝万膳　寛

ポイント

電気とはなんだろう

電気なしの生活を考えられるだろうか．家庭でも，調理，冷暖房，照明，情報送受信，風呂，洗濯，トイレなどなど，あらゆる所に電気は使われている．電気が止まったら，とても生きていけないし，生産活動も社会活動も止まってしまう．

では電気とはなんだろう．身の周りにある物を使って，実験しながら，どうしてそうなるかを考えながら，電気とは何かを探っていこう．

電気とはなんだろう

「電気」という言葉は，いろいろな意味を持つ．日常で「電気」が使われる例を挙げると，
 (1)「電気」が暗い ⇒ 電球の明るさ（単位時間当たりの光エネルギー）
 (2)「電気代」が増えた ⇒ 積算電力(消費)量（電気エネルギー）
 (3)「電気」を摩擦でつくる ⇒ 電荷
 (4)「電気」が電線を流れる ⇒ 電流（電荷の流れ）
などがある．各例の後にその意味を示したが，これからそれらを順次明らかにしていこう．このように日常で，「電気」はさまざまな意味あいに使われるから，関連するそれぞれの事柄に即して，正確に定義したり，ときには新しい概念を導入することになる．

電気は，その正体が目に見えないので歴史的にもなかなか解明できなかった．また，電気現象を表わすのに，数学も使うのでいまでも苦手とする人が多い．そこで，この ポイント1 で，皆さんが，身近な物を使って自分でもやれる実験を紹介する．まず電気に親しみ，現象に触れながら，何が，どうして，なぜという疑問を出して，電気の謎に迫っていこう．物理探求の本質は，何といっても，「なぜ」と問うことだから．

「電気」を摩擦でつくる

「電気」(electricity)の語源は，ギリシャ語で琥珀(elektron)を意味する言葉に由来する．琥珀を毛皮などでこすると，物を引きつける不思議な現象が起こることを，古代ギリシャ人が見つけたからだという．そこで，さっそく実験してみよう．

―― 実験 1.1 ――――
 (1) 手近にあるもの，たとえばシャープペンシルの芯ケースと蛍光ペンのキャップをこすりあわせて，細かく切った紙くずに近づけてみよう．

> (2) 同じ材質の芯ケースどうし，キャップどうしの摩擦ではどうなるか．

[結果]（1）両者とも紙くずを引きつけた．細かいくずは，ぴょんと飛び移ったが，しばらくたつと，ぽんと跳ね飛ばされた．
（2）同じ材質の物どうしの摩擦では，紙くずは引きつけられない．
　まとめると，摩擦により，異種の物体では物を引きつける何か（「電気」と呼ばれた）がそれぞれの物体の面に生ずるが，同種物体では生じない．

こすらなくても「電気」はできる

では「電気」は，摩擦だけが原因で生ずるのだろうか．薄い包装紙をはがすと，手にくっついてはなれないことがある．そこで次を試そう．

> **実験 1.2**
>
> いろいろなテープ（メンディングテープ，ガムテープなど）を 5 cm ほどの長さに切って，アクリルパイプ，木の板，風船（ゴム）などに貼り付けてはがし，細かい紙くずに近づけてみよう．

[結果]紙くずが，テープに飛び移った．パイプなども紙くずを引きつけた．
　接触後に切り離しただけで，摩擦と同じ効果が生じた．摩擦は，接触面積や接触の度合い（強さ，回数など）を増やすが，「電気」発生のポイントは，むしろ接触にあるようだ．では次の実験はどうだろう．

> **実験 1.3**
>
> アクリルパイプ，塩化ビニール（塩ビ）パイプ（水道用）などを，皿洗いに使うスポンジの上に軽くのせてから，細片に近づけてみよう．同種のパイプを接触させてから離して，細片に近づけるとどうなるか．

[結果] 実験 1.2 と同じく，どのパイプも細片を引きつけた．同種のパイプどうしの接触では，引きつける効果は現れなかった．

これまでの実験をまとめると，**物を引きつける効果は，異なる物質の摩擦ないしは接触・切り離しで生ずる．**

さらに暗い所で，絨毯の上を歩いてドアノブに触ると，ぱちっと手に衝撃が走り，火花が飛んだという経験があるだろう．**放電**である．暗がりで，髪の毛や猫の毛をこすると，やはり小さな火花が飛ぶのが見える．試してみよう．

摩擦ないしは接触・切り離しで，見えないが，物を引きつけたり放電を起こす何かが生ずるらしい．この何かは「摩擦電気」と呼ばれる．摩擦電気についてもっと追究する実験 1.4 をしよう．少し手間だが，ぜひやってほしい．

―― **実験 1.4**（電気の正体に迫ろう）――

用意するもの 膨らませたゴム風船 2 個，細く切った紙くず，1m ほどの糸 1 本，ウールのセーター(毛)，木綿，アクリルパイプ，プラスチック食器(ポリプロピレン)．

風船をこするときは，まんべんなくこすること．実験は，乾燥した風のないところで行なうこと．

(a) 風船をウールでこすって，紙くずに近づける．こする回数と強さを変えてみよ．念のため，こする前の風船を紙くずに近づけてみよう．

(b) 上の(a)で風船のこすった部分をそれぞれ手，濡らした紙，乾いた紙で軽くなでてから，紙くずに近づけよう．

(c) 上の(a)の実験を，木綿，アクリルパイプ，プラスチック食器などでこすってやってみよう．新しい実験をする前に，風船は，軽く手でなでておくこと(上の(b)を参考に，なぜ手でなでるかを考えること)．

(d) 上の(a)で風船を空中に長く放置してから紙くずに近づけよう．

(e) 風船 1 個に糸を結びつけてぶら下げ，ウールでこすってから静止させ，身体を近づけてみよう．こすり方と，身体との距離をかえること．

(f) 糸でぶら下げた風船と手に持った風船を，ウール以下の同じ物でそれぞれこすって互いに近づけてみよう．

(g) 上の(f)と同じことをぶら下げた風船はウール，もう 1 個の風船は残る他の物でこすって行なおう（こする前に風船を手でよくなでておくこと）．こすり方と風船間の距離をかえること．

(h) 風船どうしをこすって，上に見た効果が現れるかを見よう．

[結果] (a) 近づけると風船は，ある距離で紙くずを引きはじめ，こする回数を増やしたり強くすると，引きはじめの距離は，より遠くなった．こすり方で，生じた何かの量が変わるようだ．引かれた紙くずは，風船にくっつくが，小さい物はしばらくたつとぽんと跳ね飛ばされた．毛糸くず，コショウの粉など他の細片も種類によらず，みな引きつけられた．

(b) 乾いた紙でなでたときだけ細片を引きつける効果が残った．生じた何かは，身体や水に触れると消えるか移動するらしい．

(c) 相手がどんな物でも，こすられた風船は細片を引きつけるから，この現象は普遍的な何かで起こるらしい．

(d) 時間がたつにつれ，引きつける効果は減っていったので，(b)と同様に生じた何かが，空気中に逃げたのだろう．湿度が低いときは，5 時間以上も引きつけ効果が残った．

(e) 風船が身体にすりよって一定角度で止まった．身体との距離が小さいほど角度は増し，あまり近づけると体にくっついた．身体と風船の距離が同じなら，止まる角度は，こする回数あるいは強さが増すほど，大きくなる．(a)と同様，こすり方で，生ずる何かの量が変わり，その量は，止まる角度で測れそうだ．

(f) 同じ物でこすったとき，物の種類によらず風船は互いに反発した．生じた何かは同じ種類のはずだから，同種の何かは反発するといえる．こ

する回数あるいは強さが増すほど，また，風船間の距離が小さいほど，反発力は大きくなる．

(g) ウール，アクリルパイプ，木綿でこすった風船とポリプロピレン食器でこすった風船のときは互いに強く引き合うが，風船をこする相手が，ウールとアクリルパイプ，ウールと木綿のときは反発した．(f)で見たように，ウール，アクリルパイプ，木綿で風船に生ずる何かは同種(第1種と呼ぶ)だが，ポリプロピレン食器で風船に生ずる何かとは異なる別種(第2種と呼ぶ)のようだ．他のいろいろなものを試したところ，摩擦または接触で生ずるものには，これら2種類以外はない．そして，異なる種類の何かは，引きつけあう．引きつけあう力は，こする回数あるいは強さが増すほど，また，風船間の距離が小さいほど，大きくなる．

(h) 風船どうしの摩擦では，実験 1.1 の同じ材質どうしのときと同様，引きつけ効果はまったく現れない．

電気の正体にせまる

実験 1.1, 1.2, 1.3, 1.4 でわかったことを以下にまとめよう．
(1) 異なっていさえすれば，どんな組み合わせの物質間でも，摩擦ないしは接触・切り離しで物を引きつける何かが生ずるから，誘起された何かは，特定の物質によらない普遍的なものである．
(2) 生じた何かは，どんな物質も引きつけるから，引きつける力の起源も普遍的である．
(3) 生じた何かには 2 種類あり，同種は反発し合い，異種は引きつけ合う．
(4) こすり方で，生ずる何かの量が変わるから，何かは量として測れる．
(5) 反発ないしは引きつけの力は，生ずる何かの量と，物体間の距離に依存し，近いほど力は強い．
(6) 何かが生じても，物体に，質量や目に見える性質の変化はないから，何かは，そもそも物質に内在するものである．
(7) 何かは，手や，他のものに触れるとたやすく移動したり，水分があ

ると消えてしまう．
(8) 異なる種類の何かが出会うと，火花や音を出して，いわゆる放電現象を起こす．

　生じた何かは電気に関わり，量として測れるので，**電荷**と呼ぶ[*1]．電荷には 2 種あり，摩擦ないしは接触・切り離しを行なわない通常の状態では，引きつける力を持たないから，物質は通常，電荷のない状態にある．接触などで電荷が生じた状態を**帯電状態**と呼び，帯電していない状態を**中和状態**と呼ぼう．電荷のない中和状態にある異種物質を接触させると，一方にはある種の電荷が，他方にはそれと異なる種類の電荷が，同じ量生ずる[*2]ので，電荷の 2 種を，正・負で区別すると便利である．

　ここでは，慣例にしたがって，実験 1.4(g) で見た，第 2 種（ポリプロピレンでこすった風船に生ずる電荷）を正電荷，第 1 種（ウール，アクリルパイプ，絹，木綿でこすった風船に生ずる電荷）を負電荷と呼ぶ[*3]．いうまでもなく，中和状態では，正味の全電荷はゼロである．そこで，次の例題を考えてみる．

例題 1.1

　実験 1.4 において，風船とこすり合わせた，ウール，アクリルパイプ，木綿，ポリプロピレンは正に帯電するか負に帯電するか．［ヒント］異種物質をこすり合わせるか接触させると，互いに逆符号で同量の電荷がそれぞれの接触面に誘起される．

[解] 風船と逆符号の電荷が誘起されているから，それぞれ，ウール，アクリルパイプ，木綿は正に帯電，ポリプロピレンは負に帯電．

[*1] 異なる物質の摩擦ないしは接触・切り離しで生ずる電荷を，接触を強調して，**接触誘起電荷**と呼ぶことにする．

[*2] ファラデーが発見した．電荷が，新しく作られたり消えたりしないことを，**電荷保存則**といい，基本的な保存則として認められている．

[*3] 電荷を正・負で区別する呼び方は，凧を飛ばして，雷が電気現象であることを実証したフランクリンによるという．なお，電荷の正負の定義は，あくまで便宜であり，符号を入れ替えても，電気現象の記述は変わらない．

ところで,誘起される電荷の符号は,物質に固有ではないことに注意しよう.例として,アクリルパイプに生ずる電荷が,摩擦の相手を変えるとどう変わるかを実験で見てみよう.

実験 1.5

ウールでこすったアクリルパイプを,アクリルパイプでこすった風船(負に帯電)に近づけよう.

[結果]風船は反発された.負に帯電した風船が反発されたのだから,ウールでこすったアクリルパイプも負電荷を帯びている.

アクリルパイプは,こする相手が風船なら正に帯電するが,ウールなら負に帯電する.摩擦または接触で誘起される電荷の符号は,接触する物質の組み合わせによるのである.どの種類の電荷が,どういう組み合わせのとき,どの物質で生ずるかを,実験で用いた物を中心にして整理すると,表 1.1 のようになる.

表 1.1 接触電荷の誘起傾向

ウールセーター(毛)
アクリルパイプ
ガラス(温度計)
絹
アルミ
木綿
木
琥珀(松ヤニ)
アクリル布
テープ粘着面(粘着剤)
ゴム(風船)
テープ表面(アセテート)
ラップフィルム
ポリプロピレン
テフロン
シリコンゴム

表の上位にある物と下位にある物を摩擦あるいは接触させて離すと，上位の物に正，下位の物に負の電荷がそれぞれの接触面に誘起される．ただし，表面がぬれる・汚れる・塗装してあるなどのとき，表とは異なる結果になることがある．同様のことが，表示は同じでも成分の違いによっても起こるので注意する（アクリルでもパイプと布で傾向に違いが出ることに注意しよう）．実は，表面の様子や接触電荷の誘起傾向は，物質のミクロの状態で決まるのである．また，テープをロールからはがすと帯電するのも，アセテートフィルムと粘着剤の傾向の違いによることがわかる．なお，木綿では，電荷はほとんど誘起されない．

箔検電器を作って，電荷を調べよう

摩擦または接触・切り離しで，電荷が生ずると考えた．では電荷とはなんだろう．電荷はなぜ物を引きつけるのだろう．

これらの謎を突き止めるために，箔検電器を使おう．作り方を，付録に紹介するので，ぜひ自分で作ってほしい．

箔検電器ができたら，さっそく実験してみよう．

実験 1.6（箔検電器による実験）

用意するもの アクリルパイプ 2 本，ウールのセーター，木綿．

注意 開始前に，検知部に手を触れて箔を閉じておくこと．アクリルパイプ（以下，パイプと略記）には，こする相手がウールなら負電荷，こする相手が木綿なら正電荷が誘起される．念のため，こする前のパイプを，検知部に近づけ，箔が開かないことを確認すること．また，こする回数，強さなどを変えてみること．パイプが 1 本しかないときは，こする相手をかえる前に良く手でなでて，パイプの電荷を逃がしておくこと．

(a) （ウールまたは木綿で）こすったパイプを検知部に近づけ，1cm ほどで止め，再び遠ざける．

(b) こすったパイプを検知部に近づけ，1cm ほどで止め，検知部を手でさわってから手を離したのち，パイプを遠ざける．

(c) 上の(b)を行なった後，同じパイプを再び検知部にゆっくり近づける．

(d) 上の(b)をウールでこすったパイプで行なった後，木綿でこすったパイプを検知部にゆっくり近づける．順序を変えて，木綿でこすったパイプで(b)を行ない，ウールでこすったパイプを近づけてみよう．

[結果] (a) どちらでこすったパイプでも，検知部に近づけると次第に箔が開き，止めるとある角度を保ち，遠ざけると次第に閉じる．こする回数を増やしたり，強さを増すと，より遠い距離から箔が開き始め，開き角が増えた．箔検電器は，電荷の検知だけでなく，電荷量の測定にも使えそうである．

(b) 開いていた箔が，手が触れたとたんに一瞬で閉じ，パイプを遠ざけると再び開いて止まる．開く角度は，こする回数が多いほど，強くこするほど大きい．乾燥していると数時間は開いたままでいた．

(c) 近づけると，初め箔は閉じるが，ある距離から再び開き，近づくほど開きが増す．

(d) 順序によらず，2番目のパイプが近づくと初め箔は少し開き，さらに近づけると開きが増す．

電荷が物に近づくと何が起こるか ——静電誘導

実験1.6で箔が開いたのは，箔に同符号の電荷が生じて反発するためと考えられる．しかし，検電器は布でこすったパイプに接触していないから，摩擦や接触で誘起された電荷ではない．どうやら，外から電荷が検知部に近づくだけで，検知部から離れた箔に電荷が生ずるらしい．しかし，電荷が遠ざかると生じた電荷は消えるようだ．そこで，次のような作業仮説を立てよう．

> 中和状態の物体に電荷が近づくと，近づいた側に逆符号の電荷，反対側に同符号の電荷が誘導される．誘導される電荷量は符号を除き同量である（静電誘導*4の仮説）．

　静電誘導により，中和物質は，外からの電荷に近い側は電荷と逆符号に，遠い側には同符号に電荷が分極する（誘電分極または電気分極）．分極は，電荷の正負電荷の重心がずれるために起こるものと考えられる（図1.1）．はじめ中和していれば，誘電分極した正負の電荷は，外からの電荷が遠ざかれば，消える（脚注*2参照）．静電誘導の仮説により，電荷があらゆる中和物質を引きつけることが理解できる．すべての物質に起こるのだから，静電誘導は普遍的な現象であり，静電誘導は，物質に共通な何かが引き起こすに違いない．

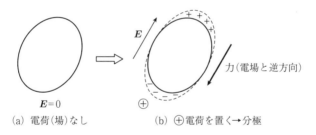

(a) 電荷(場)なし　　(b) ⊕電荷を置く→分極

図 1.1　物はなぜ電荷に引かれるか（静電分極）

── 例題 1.2 ──────────────
　静電誘導の仮説で，実験 1.6(a)〜(d) を説明してみよう．

[解] (a) 仮説から，近づく電荷が＋なら，検知部に－，箔に＋が生ずる．－電荷が近づけば，検知部に＋，箔に－が生ずる．符号によらず電荷が近づけば，箔にはそれと同符号の電荷が誘導されるから，箔は反発し開く（検電器の名のいわれ）．

---

*4 「静電」とは時間によらない電気現象をさす．

(b) パイプが+に帯電していれば，検知部に誘導された-電荷は，パイプの+電荷に強く引かれているので検知部に手を触れても動けないが，箔に誘導された+電荷は，検知部に触れた手から身体を通って流れ出る．手を離しパイプを遠ざければ，差し引きで残された-電荷が検電器内に広がり，箔は開く．箔の面積と数を増やせば，この仕組みで電荷をためることができる．

(c) 上の(b)の後で，残された-電荷は検電器内に広がった状態になる．そこに再び+電荷のパイプが近づけば，検知部に-電荷が引かれ，そのぶん箔の-電荷が減るので，箔の開きは減る．パイプがさらに近づくと，箔には-電荷はなくなり，やがて+電荷が誘導され始めて，箔は再び開く．

(d) 上の(b)の状態で，-に帯電したパイプが近づけば，検電器内に残った-電荷が反発され，箔に移動するので，箔の開きは増す．

例題の答を，図示すれば，図1.2のようになる．静電誘導の仮説はうまく行きそうである．次の例題で，さらに試してみよう．

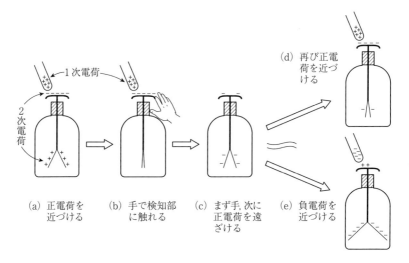

図1.2 箔検電器による実験と静電誘導

── 例題 1.3 ──
(a) 電荷が，紙くずなど中和状態の物を引きつけるわけを，静電誘導で説明しよう．
(b) こすった風船に引きつけられくっついた紙くずが，しばらくたつとぽんと跳ね飛ばされるのはなぜかを考えよう．

［解］(a) 紙くずの電荷に近い側に逆符号の誘起電荷が生ずるので，引きつけられる．反対側の同符号の誘起電荷との反発力は，遠くにあるので引力より弱い．

(b) 風船にくっついてしばらくたつと，風船の電荷が紙くずに移って，同符号に帯電するので，反発しあうと考えられる．

これまでの実験と考察でわからないことを，疑問としてあげておこう．

(**Q1**) 異なる物質の摩擦ないしは接触・切り離しで，なぜ各接触面に異符号の電荷が誘起されるのか．

(**Q2**) 電荷が，物質を引きつける理由として仮定した静電誘導は，なぜ起こるのか．静電誘導の普遍性をもたらすものは何か．

(**Q3**) 放電とは何か，なぜ起こるか．

(**Q4**) 中和物質の中には正負同数の電荷があるのか．その電荷は何か．

実は，上に見てきた電気現象の普遍性と，(Q1)〜(Q4)の謎の答は，ミクロの世界に関わる．後で明らかにしてゆくので，後の ポイント を楽しみにしよう．

付録（箔検電器の作り方）

用意するもの 薄いアルミ箔(板ガムの包み紙からはがしたものが手頃でよい)，紙クリップ，広口ビン，食品トレイ，接着剤．

(1) アルミ箔を，長さ約 5 cm，幅約 5 mm に切って真ん中で折り，折れ目の中央を 1 mm 程度残して端を斜めに切り落とす．

(2) 広口ビンの口を食品トレイに当てて周囲に沿って印を付け，切り抜いてふたを作る．

(3) 紙クリップの針金を中心の曲がり部分だけ残してまっすぐ伸ばし，ふたに穴を開けて曲がり部分が下に来るように接着剤で固定する．針金の直線部分約 3 cm をビンの外に出す(この部分を検知部と呼ぼう)．

(4) (1)で用意したアルミ箔を，クリップの曲がり部分にぶら下げてビンに入れ，ふたを閉じたらでき上がり．アルミ箔は平らに閉じた状態にする．

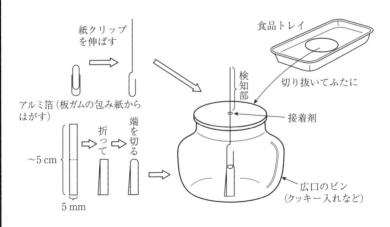

図 1.3 箔検電器の作り方

磁気を「場」として とらえる

　磁気については，磁石や方位を示す磁針が手近にあることから，電気に比べて身近に感じる人が多い．磁石の周りに鉄の粉をまけば，磁気の力が可視化できる点も親しみを覚えさせる．この可視化された鉄粉の模様は，磁気の力が空間を通して作用していることを表わす．言い換えると，磁気を力の場＝「磁場」ととらえるべきことを直接示す重要な証拠なのである．

磁気とはなんだろう

　磁気のもとである磁石は，古くから磁鉄鉱(magnetite)として知られている．この磁鉄鉱がギリシャのMagnesiaという地域でよく採れたことから磁気(magnetism)と呼ばれるようになったという．磁石は鉄を引きつける．また，針にすると方位磁石としてほぼ南北方向を向くので大航海時代にも活躍し，いまでもお馴染みのものである．
　磁石にもいろいろあるが，これから行なう実験には，おもに棒磁石を用いる．できたら，棒磁石2本を用意して，さっそく実験しよう．

─── 実験 2.1 ───
　身の周りにある鉄(鉄釘，縫い針)，銅(10円玉)，アルミ(1円玉)，鉛(ハンダ)などの金属，紙，プラスチック，綿，毛糸などの非金属が，磁石に引きつけられるかどうかを試してみよう．

　[結果] 鉄釘，縫い針は良く引きつけられたが，他の物は引きつけられなかった．
　磁石は，電荷のようになんでも引きつけるのではなく，引きつけるのは，鉄のほかに磁性体(後述)と呼ばれるものに限られる．では，磁石には電荷に対応するものがあるのだろうか．試してみよう．

─── 実験 2.2 ───
　極が明示されている磁石を2本使って，各極を近づけてみよう．極間の距離による違いも見ること．

　[結果] N極-N極，S極-S極は反発し合い，N極-S極は引きつけ合った．斥力ないし引力は，極間の距離が小さいほど大きい．
　なんとなく磁石の極は電荷に対応できそうである．では極とはなんだろう．方位磁石を使って調べよう[*1]．

―― 実験 2.3 ――
　机の上においた方位磁石の北を指す磁針に，磁石の N 極，S 極のそれぞれを遠くからゆっくり近づけてみよう．南を指す磁針でも同じことをしてみよう．磁石と磁針の距離による違いも観察すること．

[結果] 北を指す磁針は，N 極が近づくと逃げるように遠ざかり，S 極が近づくと引き寄せられた．南を指す磁針の場合は，北向きの磁針と逆の反応をした．いずれの場合も，反発ないし引きつけの度合いは，距離が近いほど大きかった．

　実は，方位磁石の磁針で地球の地理学的な北極を向くほうを N 極，南極を向くほうを S 極と呼ぶのが約束なのである．電気と磁気を，初めて科学的に研究したと言われるギルバートは，地球も磁石であると考えた[*2]．そこで次の例題を考える．

―― 例題 2.1 ――
　地球が磁石なら，地理学的な北極は N 極か S 極か．

[解] 上の実験より，磁針の N 極は北極方向に引かれるから，北極は磁石の S 極，南極は N 極．

磁気力は場だ

　方位磁石は，弱い磁気も感ずるので，磁気の手軽な測定器となるが，置かれた点での磁気しか測れない．もっと広い範囲にわたって，磁石の周りの磁気の様子を観察できる方法はないだろうか．ここで，鉄の粉を使うことを思いついた人は，ファラデーに迫る実験家の素質があるといえる．さっそく試そう．

[*1] 方位磁石は，針状の磁石(磁針)を中心軸で支えたり，液体に浮かべた円盤型磁石を真ん中で支えたりして，自由に回転できる軽い磁石を持っている．この軽い磁石が磁気を感じて磁気力の方向を指す．てごろな磁針式のものを，ぜひ手に入れよう．

[*2] ギルバート(W. Gilbert, 1544–1603).

---── **実験 2.4** ───

　磁石の上に厚手の紙または透明なカードケースを置き，鉄粉を，茶漉しのような細かい目のふるいを用いてまき，鉄粉のつくる模様を見よう(紙またはカードケースをペンなどで軽くたたくと，鉄粉がきれいに散る)．模様の上のいろいろな点に方位磁石をおいて，磁針がどう振れるかも観察しよう．鉄粉は，やすりで鉄釘を削って作るか，乾いた砂から磁石で砂鉄を集めるかして用意する．

[結果] 鉄粉は，図 2.1(b)のような曲線模様を描いた．曲線は，極に近いほど密集し，磁針の方向は曲線に沿っていて，磁針の N 極が磁石の S 極に向かい，磁石の S 極が磁石の N 極に向かうように振れた．

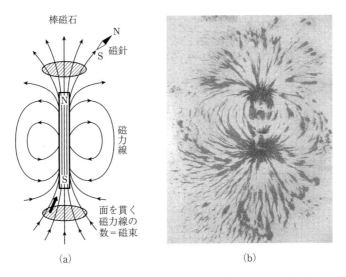

図 2.1　磁石の周りの鉄粉の模様(磁力線)．(b)は実験写真

　実験 2.4 から，磁石による力は，磁石の周りの場所ごとに分布を示すことがわかる．磁石によって，磁気力の場＝**磁場**ができるのである．鉄粉の分布は曲線を描く．この線に沿って方位磁石をおけば，磁針の振れがこの曲線に沿う(接線方向を向く)こと，磁針の方向が磁石の N 極から S 極に

向かうように向くことがわかる．そこで，磁気的な力をたどったこの曲線を，**磁力線**と呼び，磁力線の方向は，磁石のN極からS極に向かうと定めよう．詳しく見ると，極から離れた場所では，磁力は弱く磁力線もまばらである．極に近づくと磁力は強くなり，磁力線も混んできて，極のごく近くでは鉄粉が紙から上に突き出して，刺のように分布する．磁場は3次元的なのである．

離れた位置に置かれた磁石が，磁気力をどのように空間的に伝えるかを見るために，実験2.4と同じことを2本の棒磁石でやってみよう．

実験 2.5

棒磁石2本を，各磁石の同種の極どうし，および異種の極を，棒磁石が動かない程度に適当な距離離して置いて，実験2.4のときと同じように鉄粉を使って，磁力線の様子を見てみよう．棒磁石が1本だけのときの磁場の様子と比べること．

[結果] 図2.2に見るように鉄粉は，棒磁石1本の場合に比べ，同種の極どうしのときは，磁力線が互いに反発しあうように分布を変え，異種の極のときは，引き合うような分布に変わった．

この実験から，磁石の間の磁気力が，空間の各点での磁力線の変化を通して，離れた磁石に伝わる様子がはっきり見えた．磁気力は空間の各点での磁場の変化を通して伝わるのである．力が，場を通して作用するという

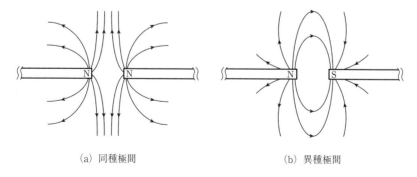

(a) 同種極間　　　(b) 異種極間

図2.2　2本の磁石の間の磁力線

考え方を「近接作用説」という．いまでは場，あるいは近接作用の考え方が基本的であることがわかっている．

磁場の強さをどう表わすか

磁場の強さを表わすにはどうしたらよいだろうか．磁力が大きい極の近くでは磁力線は混むが，磁力が弱い極から遠いところでは磁力線もまばらである．磁力線の混み方で磁場の強さが表わせそうである．いま，ある点での磁力線に垂直な面を考え，それを貫く磁力線の数を**磁束**と呼ぼう．磁力線の数は面の面積に依存するから，磁束を面の面積で割った量(**磁束密度**と呼ぶ)をとれば，考える点での正味の磁力線の混み方が表わせる．磁場の強さとして，磁束密度を採用しよう．磁束密度は，磁力線の方向を向くからベクトルであり，通常 B という記号で表わす．

これからは，磁束密度(ベクトル)を，単に**磁場**(ベクトル)と呼ぶことにしよう(磁場のもっと正確な定義は後で与える)．磁場は考える位置 r に依存するから場所によるベクトル場で $B(r)$ のように表わされる．磁力線に垂直な面の面積を S とおけば，その面を貫く磁束は B の大きさを B とすれば BS に等しい．磁束の単位は，SI 単位系では Wb(Weber, ウェーバー)であり，磁束密度の単位は，T(Tesla, テスラ)= Wbm^{-2} である．

磁石の間の力はどのようなものだろう．他の磁極の影響が無視できるほど長い磁石を用いて磁極間の力を調べると，力は電荷間の力の法則(クーロンの法則．ポイント 3 参照)と同様，距離の 2 乗に反比例し，磁極の大きさ[*3]の積に比例することもわかった(**磁場のクーロンの法則**)．では，電荷に当たる単独の「磁荷」は存在するのだろうか．残念ながら，磁石を細かく割っていっても単独の磁荷は取り出せない(図 2.3)．いろいろ実験しても，磁石は常に N 極と S 極の対(**磁気双極子**という)でしか現れない．**単独の磁荷は存在しない**．このことは，磁場ベクトルに対する重要な制限を課すことを後に見るだろう．

[*3] 磁極から出る全磁力線の数，つまり，磁極を囲む曲面を貫く全磁束．

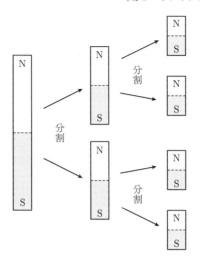

図 2.3　磁石を分割する(単独の磁荷はない)

なぜ鉄は磁石に引きつけられるか——磁気誘導

　磁石が磁場をつくることがわかった．磁場の中に置かれたとき，物質は，どのような影響を受けるのだろう．磁場による影響の違いで，物質がどのように分類できるのかを見るとともに，磁気はどのようにして生ずるのかを探るヒントにしよう．

　まず，磁石に引きつけられる物が，磁場の中で，どういう変化を起こすかを見よう．

実験 2.6

　実験 2.4 で，磁石の極近くに，磁力線に沿って鉄釘を置く．釘を置く前と後で，釘付近の鉄粉の分布の違いを観察しよう．

　[結果] 釘がないときに比べて，鉄粉が，釘の両端に強く引かれ，釘自身が棒磁石であるかのような分布になった．

　どうも，磁場中に置かれた鉄に，磁気が誘導されるらしい．磁気をもた

ない物が，磁場中で磁気を帯びる現象を**磁化**と呼ぼう．そこで，次の実験をしよう．

実験 2.7

鉄釘と縫い針の一端を磁石の N 極にしばらく触れてから離し，方位磁石を使ってそれぞれの両端の極を調べよう．触れる磁石の極を S 極に変えたらどうなるか．

[結果] 磁石から離すと，釘には磁気が残らないが，縫い針には磁気が残り，磁石の N 極に触れたほうが S 極，反対側が N 極に磁化した．磁石の S 極に触れたときは，両端の極性が，N 極のときとは逆になった．

これらの実験より，

> 磁場に置かれた釘や縫い針には，磁力線の方向に N 極，反対向きに S 極に磁気が誘導されたと考えることができる（**磁気誘導**という）．

誘導磁化は，もとの棒磁石のように，極が N と S に分かれて起こるので，**分極**を起こし（**磁気分極**），磁石と同様，磁気双極子となる．鉄釘と違い，縫い針の場合のように，磁石から離しても残る磁化を**残留磁化**といい，分極が残るのである．いずれにせよ，磁石の近くに置かれた釘や針が，磁気誘導の結果，磁石の N 極に近い側に S 極，遠い側に N 極に分極（磁石の S 極が近づいたときは，逆に分極）するために，電気の場合の静電誘導と同じようにして，磁石に引きつけられるのである．

例題 2.2

実験 2.7 で磁化した縫い針を，方位磁石として使う工夫を考えよ．

[解] コップに一杯入れた水の上に，磁化した縫い針を水平にして静かに浮かべ，しばらくおく．針がうまく浮かないときは，髪の毛でこするなどして，針に軽く油を付けよう．手持ちの方位磁石と縫い針の指す向きを

比べること．

鉄釘と縫い針は，磁石に引きつけられる点は同じで，ともに磁気誘導を起こすが，縫い針には磁化が残ったのに，鉄釘には残らない．そこでさらに実験しよう．

実験 2.8

手近にある鉄類以外の金属(硬貨)，ガラス，プラスチック，消しゴム，鉛筆の芯の粉末などに磁石を近づけ，さらに実験 2.6，2.7 と同じことをためしてみよう．

[結果] ここにあげたすべての物は，磁石に反応せず，磁石の周りの鉄粉の分布にも影響しないし，方位磁石も振れなかった．ただし，鉛筆の芯の粉を水に浮かべて強力な磁石を近づけると，ほんの少し粉が磁石から遠ざかった．

実験 2.8 で見たとおり，多くの物質は磁場中で目に見える変化を見せない．磁場下での反応によって物質を分けると，以下のようになる．

いろいろな**磁性体**

① **反磁性体** 磁場を加えると，逆方向，すなわち磁場を弱めるように磁化される．磁場と逆向きの磁気誘導が起こるためと考えられる．磁石を近づければ，反発される．しかし，その反発力は大変弱いので，通常目に見える動きは示さない．ただし，ビスマス Bi，グラファイト C(鉛筆の芯の粉)では，強い磁石を使うと反発を観察できる．際だつ例として，磁場を完全に反発する(**完全反磁性**)超伝導体の上に，磁石が浮き上がる実験を見た人も多いことだろう．反磁性体には，大部分の気体，有機物質，塩類が属し，多くの金属(銅 Cu，銀 Ag，金 Au，水銀 Hg，鉛 Pb，$\cdots$，など)もこれに入る．

② **常磁性体** 磁場中で，磁場の方向，すなわち磁場を強めるように磁化される．磁場と同方向の磁気誘導が起こるためである．磁石を近づければ，引かれる．遷移元素(長周期表で，3 族から 12 族までの元素．このう

ち，クロム Cr，鉄 Fe，コバルト Co，ニッケル Ni については，③の分類を参照)，酸素 O_2 などがある．

ところで実験 2.6, 2.7 で鉄釘(軟鉄)と縫い針(鋼)の磁石に対する反応を見た．両者とも磁石に強く引きつけられるから，常磁性体である．しかし，磁石から離すと，鉄釘は磁化を失うのに対して，縫い針には磁気が残る．縫い針自身が磁石になったのである．どうも，鉄としては同じでも釘と縫い針で磁性に違いがあるようだ．そこで，次の実験をしてみよう．

実験 2.9

実験 2.7 で磁化された縫い針を，金網にのせ，ガスレンジなどで赤くなるまで熱して，磁気を方位磁石または鉄粉で調べよう．冷ました縫い針の磁気も同様に調べ，再び磁石に触れて，磁化が残るかどうかを調べてみよう．

[結果] この実験で熱処理した縫い針は，熱いうちも冷めてからでも，磁針を動かさず，鉄粉も引きつけない．温度を上げると，磁気が消えると考えられる．磁気を失った縫い針を再び磁石に近づけると引きつけられるし，磁石に触れれば，前と同様に磁化し，離すと磁化が残る． ▮

縫い針の磁性は，反磁性体や常磁性体と区別したほうが良さそうである．そこで，分類に次を加えよう．

③ **強磁性体**　一般に磁場中で，常磁性体に比べ，より強く磁場方向に磁化され，よりいっそう磁場を強める．実験 2.7 で見たように，磁場を取り除いても誘導された磁化が残る(残留磁化)．いわゆる磁石は強磁性体の残留磁化の応用である(永久磁石)．鉄 Fe，コバルト Co，ニッケル Ni が代表的で，それらの合金の中には，きわめて強い磁気を帯びるものがある．実験 2.9 は，強磁性体が，温度を上げると磁化を失うことを示す．温度を上げると，水が氷(固相)から水(液相)，そして水蒸気(気相)と姿(相)を変えるように，強磁性体も，温度を上げると，強磁性相から常磁性相に相転移を起こすと考えられる．磁性相転移を起こす温度を，キュリー温度 *4 という．強磁性体は，温度をキュリー温度より下げると，常磁性相から強

磁性相に移り**自発的に磁気を帯びる**.

　ところで，熔岩には磁鉄鉱が含まれるから，火山から噴出した熔岩が冷えると，地磁気方向に磁気を帯びる．熔岩は地磁気の記録器であり，過去の地層の様子がわかっていれば，昔の地磁気の化石ともなる．過去の熔岩の磁気を調べた結果，70〜100万年前は地磁気の極は現在と逆であることがわかった(松山基範，1929年)．このような極の反転は，地球の歴史上何回も起こったという．地球の磁石は，永久磁石ではなく，地球の内部構造と自転に起源をもつと考えられる．

　また，強磁性体の磁性は，物質の構成が同じなら同じというわけではなく，たとえば鉄では，熱処理(焼き入れ・焼きなまし)や鍛錬の仕方，結晶などの構造，不純物の割合などで，大きく変わる．

　磁気は，電気と良く似ているが，異なる点もある．まず，電荷に対応する単独の磁荷がない．次に，電荷は，静電誘導でほとんどの物を引きつけるが，磁気に対する物質の反応は，磁場を弱めるもの(反磁性)と強めるもの(常磁性，強磁性)があり，一律ではない．磁気誘導が，反磁性体では磁場と逆向き，常磁性体と強磁性体では，磁場方向に起こるためである．さらに強磁性は，温度によって相転移するから，物質の構造や状態にも依存するらしい[*5]．そこで，まとめとして磁気に関する疑問をあげよう．

　(**Q5**)　反磁性の起源は何か．

　(**Q6**)　常磁性の起源は何か．強磁性の起源は何で，磁気相転移はなぜ起こるか．

　ポイント1で，電気についてあげた謎と同じく，磁気現象の普遍性と，磁気の起源についての謎も，ミクロの世界に関わっていることを見るだろう．

---

　*4　ピエール・キュリーが発見した(1895年)．鉄のキュリー温度は，約770°Cである．
　*5　自発的電気分極を持ち，温度を上げると分極の消える物質(強誘電体：ロッシェル塩，チタン酸バリウムなど)もある．

電場とは何か

ポイント1の実験を通して,同符号電荷の間の力は斥力,異符号電荷の間の力は引力であること,力の大きさは,電荷量が大きければ大きく,電荷の間の距離が近いほど大きくなることを見た.この2つの電荷に働く力を定量的に表わすのがクーロンの法則と呼ばれる法則だ.そして,この法則を正しく理解するためには電場という考えが必須になる.

電荷の間にはどんな力が働くか

電荷の間の力はどんなものだろうか．残念なことに，身近な物を使って，この力の詳しい性質，とくに距離依存性を直接突き止めることは難しい．結論から言うと力は，**クーロンの法則**という物理法則にしたがう．その内容は，以下のようにまとめられる．

> **クーロンの法則** 電荷の間の力は，符号を含め，大きさが電荷の積に比例し，距離の2乗に反比例する．方向は電荷間を結ぶ直線に沿う．

例題 3.1

電荷を持つ2つの物体が，ある距離をおいて置かれている．その間のクーロン力について，以下に答えよ．
(1) 電荷間の距離だけがそれぞれ，2倍になったときと半分になったときの力の大きさは，もとの力の何倍か．
(2) おのおのの電荷だけが，それぞれもとの電荷の2倍になったときと半分になったときの力の大きさはもとの力の何倍か．

[解] クーロンの法則の定義から，(1) 距離が2倍なら，$\left(\dfrac{1}{2}\right)^2 = 2^{-2} = \dfrac{1}{4}$ 倍，半分なら $2^2 = 4$ 倍．(2) おのおのの電荷が2倍なら，$2 \times 2 = 4$ 倍，半分なら $\dfrac{1}{2} \times \dfrac{1}{2} = \dfrac{1}{4}$ 倍． ∎

これより，電荷が同じなら電荷の間の距離が倍になれば，クーロン力は4分の1となり，距離が同じとき，おのおのの電荷が倍になれば，クーロン力は4倍になる．

こういう法則やこれから現れるほかの法則を，数式で表わしたい．式や文字を使うことに不慣れな人がいるかもしれないが，法則や物理量の間の関係を数式で表現すれば，物理現象が正確に表現できるだけでなく，量と

して扱うことで実験的検証や予言が可能となる．数理的解析をさらに進めれば，新しい展望も開けてくる．

近代数理解析の道は，力学でニュートンが切り開いた．その道を発展させた電磁気学は，実験結果と数理的解析から得た基本的な法則を数式化し，体系立てて完結していく．ガリレオ・ガリレイが言ったとおり，「自然は数学という言葉で書かれている」．数学になれ，親しむことは，力学や電磁気学だけでなく，物理の他の分野やもっと広い自然科学の理解に欠かせない．

数式表現のための準備——ベクトルと座標系

数式化の手始めに，クーロンの法則を取り上げる．そのための準備をしておこう．この準備はこれからの展開に欠かせない．数式による新しい解析が必要になれば，その都度必要な準備を加えよう．

まずクーロンの法則にも述べられているとおり，力は，大きさだけでなく方向も持つ．力以外にも，すでに現れた磁場や，位置，速度，加速度など大きさと方向を持つ量があるが，こられを**ベクトル**(vector)という[*1]．ベクトルをどう表わすか．例として位置ベクトルを取ろう．位置を知るのには通常地図を用いる．地図には，東西方向の横軸と，南北方向の縦軸があって，目的地を定めるには，基準点(原点)から東に 4 km，北に 3 km というように横軸と縦軸の距離を読めばよい．数学では，横軸を x 軸，縦軸を y 軸と呼び，横軸に沿う距離を x 座標，縦軸に沿う距離を y 座標という．今述べた目的地 A の座標は，$x = 4$ km，$y = 3$ km である．

位置ベクトルは，図3.1(a)のように原点 O から点 A に引いた矢印で表わし，$\overrightarrow{OA}$ と書く．あるいは，座標を括弧でくくって，$(x, y) = (4\,\mathrm{km}, 3\,\mathrm{km})$ のように表わし，位置ベクトルを太字の斜体で $\boldsymbol{r} = (x, y)$ と書く．ベクトル $\boldsymbol{r} = \overrightarrow{OA}$ の大きさ(長さ) $|\boldsymbol{r}| = $OA は，ピタゴラスの定理から，OA $= |\boldsymbol{r}| = \sqrt{x^2 + y^2} = r$ で与えられ，単に斜体で r と書かれることが多

[*1] これに対し，温度，体積，エネルギーなどは，大きさだけの量で，**スカラー**(scalar)といわれる．

ポイント3 ● 電場とは何か

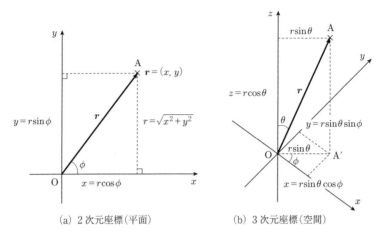

(a) 2次元座標(平面)　　　(b) 3次元座標(空間)

図 3.1　ベクトルと座標

い．ベクトル $\boldsymbol{r}$ の方向をあらわに示すには，$\boldsymbol{r}$ と座標軸，たとえば x 軸とのなす角 ϕ(ファイ)をとればよい．長さ(半径)r と角度(偏角)ϕ で位置を表わす座標を，(2次元)極座標といい，(x,y) 座標を直交座標あるいは，デカルト座標という[*2]．

さらに，空間的位置を表わすには，xy 平面に直交する3番目の軸(z と呼ぶ)に沿う距離 z を加えればよい(図 3.1(b))．3次元の位置ベクトルは，$\boldsymbol{r} = (x, y, z)$ と表わされる．3次元の極座標は，r, ϕ に加えて，$\boldsymbol{r}$ と z 軸のなす角 θ(シータ)を用いる(図 3.1(b))．$\boldsymbol{r}$ の方向は，ベクトル自身を長さで割れば求められるから，

$$\widehat{\boldsymbol{r}} = \frac{\boldsymbol{r}}{r} = \left(\frac{x}{r}, \frac{y}{r}, \frac{z}{r}\right)$$

であり，$\boldsymbol{r}$ の方向ベクトルと呼ばれる．もちろん方向ベクトルの長さは 1 である($|\widehat{\boldsymbol{r}}| = 1$)．

[*2] 直交座標と極座標の間の関係は，$x = r\cos\phi$, $y = r\sin\phi$ で与えられる．記号 r, $\boldsymbol{r}$ を使うのは，長さ r が，原点からの半径 radius であることから来た．また，角度にはラジアン(radian)を用いる．このとき半径 r で開き角が ϕ の円弧の長さは $r\phi$ で与えられる．1 ラジアンの弧の長さは半径に等しく，円周全体は 2π ラジアンである．

---- 例題 3.2 ----

図 3.1(b)における 3 次元位置ベクトル $\boldsymbol{r}$ の直交座標と極座標の関係を与え，方向ベクトルを求めよ．

[解] 図の A 点の xy 平面への射影を A′ とおけば，$\mathrm{OA}' = r\sin\theta$ だから，$x = r\sin\theta\cos\phi$, $y = r\sin\theta\sin\phi$, $z = r\cos\theta$. 方向ベクトルは $\widehat{\boldsymbol{r}} = (\sin\theta\cos\phi,\ \sin\theta\sin\phi,\ \cos\theta)$.

クーロンの法則を式で表わそう

いよいよクーロンの法則を式で表わそう．電荷 Q_1, Q_2 がそれぞれ位置 $\boldsymbol{r}_1 = (x_1, y_1, z_1)$, $\boldsymbol{r}_2 = (x_2, y_2, z_2)$ にあるとする[*3]（図 3.2(a)）．電荷の相対位置は，位置ベクトルの差 $\boldsymbol{r}_2 - \boldsymbol{r}_1 = \boldsymbol{r}_{21}$ のベクトルである．ここに，ベクトルの和と差は，各座標成分の和と差を成分とするベクトルと定める．

$$\boldsymbol{r}_{21} = \boldsymbol{r}_2 - \boldsymbol{r}_1 = (x_2 - x_1,\ y_2 - y_1,\ z_2 - z_1) = -\boldsymbol{r}_{12}$$

電荷間の距離 r_{21} は，

$$r_{21} = r_{12} = |\boldsymbol{r}_2 - \boldsymbol{r}_1| = \sqrt{(x_2 - x_1)^2 + (y_2 - y_1)^2 + (z_2 - z_1)^2}$$

であり，電荷間の方向ベクトルは，

$$\widehat{\boldsymbol{r}_{21}} = \frac{\boldsymbol{r}_2 - \boldsymbol{r}_1}{r_{21}}$$

で与えられる．

電荷 Q_1 が電荷 Q_2 におよぼす力 $\boldsymbol{f}_{1\to 2}$ は，電荷の積に比例し，距離の 2 乗に反比例するから，大きさには，$\dfrac{Q_1 Q_2}{r_{21}^2}$ が現れ，方向は $\widehat{\boldsymbol{r}_{21}}$ であるから，まとめて，

[*3] 同種の量，たとえば電荷がいくつかあるとき，その量を表わす記号（電荷は，Q, q など）に下付きの添え字を付けて区別する．

32——ポイント3 ● 電場とは何か

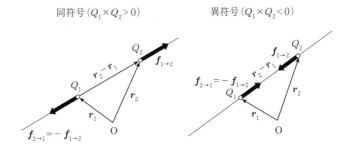

(a) クーロンの法則：2つの電荷

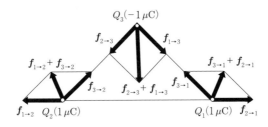

(b) 重ね合わせの原理：3つの電荷

図3.2 クーロンの法則と重ね合わせ

$$\boldsymbol{f}_{1\to 2} = \alpha \frac{Q_1 Q_2}{r_{12}^2} \widehat{\boldsymbol{r}_{21}} = \alpha Q_1 Q_2 \frac{\boldsymbol{r}_2 - \boldsymbol{r}_1}{|\boldsymbol{r}_2 - \boldsymbol{r}_1|^3} = -\boldsymbol{f}_{2\to 1} \tag{3.1}$$

で与えられる．ここに，$\boldsymbol{f}_{2\to 1}$ は，電荷 Q_2 が電荷 Q_1 におよぼす力で，式の最後の関係は，電荷間の力がニュートンの第3法則(いわゆる作用反作用の法則)に従うことを表わす．

法則の名前の由来は，距離の2乗の反比例則を，どこまでの精度かはわからないが，直接確かめたクーロン(C. A. de Coulomb)による[*4]．電荷には符号があるから，比例定数 α が正なら，同符号電荷では斥力，異符号電荷では引力となることをこの式で確かめよう．比例定数 α の値は単位

[*4] 距離のベキを $-n$ とすると，逆2乗則は $|n-2| < 10^{-15}$ まで正しいことがわかっている．

系の選び方によるが，国際単位(SI)系[*5]では真空中で，

$$\alpha = \frac{1}{4\pi\varepsilon_0} = (2.99792458)^2 \times 10^9 \,\mathrm{Nm^2C^{-2}} \cong 9 \times 10^9 \,\mathrm{Nm^2C^{-2}} \quad (3.2)$$

である(ε_0 は真空の誘電率(permittivity of vacuum)．ポイント6で見るように誘電率は媒質により異なる)．ここに，C は電荷の単位でクーロンと読み，$\mathrm{C} = \mathrm{A}\cdot\mathrm{s}$ である．単位まで含めて，クーロンの法則がわかったから，クーロン力の大きさを求めてみよう．

例題 3.3

ともに質量が 60 kg の 2 人の人が，距離 1 m 離れて立っている．
(1) 2 人の間の万有引力を求めよ．ただし，距離 r 離れた質量 m_1, m_2 の物体間の万有引力の大きさは $f_g = \Gamma\dfrac{m_1 m_2}{r^2}$, $\Gamma = 6.6738 \times 10^{-11}\,\mathrm{m^3 kg^{-1} s^{-2}}$(万有引力定数)．
(2) 正負電荷の中和が，1% ずれていたとするとき 2 人の間に働くクーロン力の大きさを求めよ．ただし，人体のほとんどは水とし，水 1 mol の質量を 18 g, 1 mol の分子数(アヴォガドロ定数 N_A)を $N_\mathrm{A} \approx 6 \times 10^{23}$, 中性の水分子 1 個あたりの電子(電荷は $-e$)と陽子(電荷は $+e$)の数をそれぞれ 10 個とせよ．また e は，1 電荷素量(電子の電荷の絶対値 $e \approx 1.6 \times 10^{-19}\,\mathrm{C}$)である．

[解] (1) 万有引力の大きさは，$f_g = 6.6738 \times 10^{-11}\,\mathrm{m^3 kg^{-1} s^{-2}}\dfrac{(60\,\mathrm{kg})^2}{(1\,\mathrm{m})^2} = 6.6738 \times 3600 \times 10^{-11}\,\mathrm{m\,kg\,s^{-2}} \cong 2.40 \times 10^{-7}\,\mathrm{N}$. 非常に弱い．

(2) 質量 60 kg は水分子数に換算すると，$\dfrac{60 \times 10^3}{18}\mathrm{mol} = \dfrac{10^4}{3}\mathrm{mol} \cong 2 \times 10^{27}$ 個．この 1% の電荷量は $Q \cong 2 \times 10^{25} \times 1.6 \times 10^{-19}\,\mathrm{C} \cong 3.2 \times 10^6\,\mathrm{C}$. これより，2 人の間のクーロン力の大きさは，$f_C \cong 9 \times$

[*5] 基本単位として，長さにメートル m，質量にキログラム kg，時間に秒 s，電流にアンペア A をとる 4 元単位系(MKSA 単位系)．電流は後述．力の単位はニュートン $\mathrm{N} = \mathrm{kg\,m\,s^{-2}}$. なお，数値には，ベキ表記を用いる($9 \times 10^9 = 9000000000$).

$10^9\,\mathrm{N\,m^2\,C^{-2}}\dfrac{(3.2\times 10^6\,\mathrm{C})^2}{(1\,\mathrm{m})^2}\cong 9.2\times 10^{22}\,\mathrm{N}.$ とてつもなく大きい！このため物質で正負の電荷のバランスは崩れにくい．

重ね合わせの原理

電荷が 2 つの場合の力を与えたが，電荷の数が増えるとどうなるのだろうか．答は，たとえば電荷 Q_1 に働く力の場合，ほかのすべての電荷から式(3.1)で得られるクーロン力を，ベクトルとして加えればよい．第 3 の電荷は，2 つの電荷の間の力に影響しないのである[*6]．これは，磁気の場合にも成り立つ電磁気学の基本原理で，**重ね合わせの原理**という（図 3.2(b)）．例題で，クーロン力の大きさと重ね合わせの原理を実感しよう．

例題 3.4

3 つの電荷 $Q_1(1\,\mu\mathrm{C})$, $Q_2(1\,\mu\mathrm{C})$, $Q_3(-1\,\mu\mathrm{C})$ が，それぞれ点 $\boldsymbol{r}_1=(1\,\mathrm{m},0)$, $\boldsymbol{r}_2=(-1\,\mathrm{m},0)$, $\boldsymbol{r}_3=(0,1\,\mathrm{m})$ に置かれている．クーロンの法則の比例定数を $\alpha=9\times 10^9\,\mathrm{Nm^2C^{-2}}$ として，以下を求めよ．なお接頭語 $\mu=10^{-6}$ はマイクロと読む．

(a) 電荷 Q_3 が，それぞれ電荷 Q_1 および電荷 Q_2 から受ける力のベクトルと大きさ．

(b) 電荷 Q_3 が受ける合計の力のベクトルと大きさ．

(c) 上に求めたおのおのの力をまとめて図示せよ．

[解] (a) 式(3.1)から電荷 1 が電荷 3 に及ぼす力 $\boldsymbol{f}_{1\to 3}$ は，

$$\boldsymbol{f}_{1\to 3}=\alpha(1\,\mu\mathrm{C})(-1\,\mu\mathrm{C})\dfrac{\boldsymbol{r}_3-\boldsymbol{r}_1}{|\boldsymbol{r}_3-\boldsymbol{r}_1|^3}$$

$$=-10^{-12}\,\mathrm{C^2}\times 9\times 10^9\,\mathrm{Nm^2C^{-2}}\dfrac{(0,1)\,\mathrm{m}-(1,0)\,\mathrm{m}}{(\sqrt{(0-1)^2\,\mathrm{m^2}+(1-0)^2\,\mathrm{m^2}})^3}$$

$$=-9\times 10^{-3}\,\mathrm{N}\dfrac{(-1,1)}{(\sqrt{2})^3}=4.5\times 10^{-3}\left(\dfrac{1}{\sqrt{2}},-\dfrac{1}{\sqrt{2}}\right)\mathrm{N}$$

[*6] 他の系に影響されない 2 つの系だけで決まる力を，**二体力**という．

大きさは $|\boldsymbol{f}_{1\to3}| = 4.5 \times 10^{-3}\,\mathrm{N}$. 同様にして，電荷 2 が電荷 3 に及ぼす力 $\boldsymbol{f}_{2\to3}$ は，$\boldsymbol{f}_{2\to3} = 4.5 \times 10^{-3}\left(-\dfrac{1}{\sqrt{2}}, -\dfrac{1}{\sqrt{2}}\right)\mathrm{N}$ で，大きさは $|\boldsymbol{f}_{2\to3}| = 4.5 \times 10^{-3}\,\mathrm{N}$.

(b) 合計の力 $\boldsymbol{f}_3$ は，(a) の力の重ね合わせより，$\boldsymbol{f}_3 = \boldsymbol{f}_{1\to3} + \boldsymbol{f}_{2\to3} = 4.5\sqrt{2}\times 10^{-3}\,(0,-1)\,\mathrm{N}$ で，向きは y 軸の負方向，大きさは $|\boldsymbol{f}_3| = 4.5\sqrt{2}\times 10^{-3}\,\mathrm{N}$.

(c) 図 3.2(b) を見よ.

例題から，1 m 程度の間隔で $1\,\mu\mathrm{C}$ の電荷間の力が $10^{-3}\,\mathrm{N}$ 程度なのだから，1 C 程度の電荷の間のクーロン力は $\approx 10^9\,\mathrm{N}$ となって大変大きい（例題 3.3 を参照）．1 C の電荷は，日常での電気現象にはまず現れることのない大きなものなのである[*7].

電場とは何か

電荷の間の力が，万有引力と同じ距離依存性（逆 2 乗則）を持つことに注目しよう．万有引力と電荷間の力という重要な力が空間的配置で決まることから，力は，間にある媒質の性質にはよらず直接作用するという考え方が出てきた．これを，「遠隔作用説」と呼ぶ．一方，私たちは，ポイント 2 で，磁気力が空間の各点をつなぐ磁力線を通して伝わることを見た．磁気力は，磁場を介して作用するのである．力は空間の各点での**場**を通して作用するという考え方を「近接作用説」という．この考えを，電気に拡張し，磁気からの類推で豊かな想像力を駆使して，これから見ることになるさまざまな重要な発見を遂げたのが，ファラデーである．いまでは，電気磁気にとどまらず，場，あるいは近接作用が，基礎的な相互作用の源であることがわかっている．以下に，電荷による見えない場＝電場をどうやって捉えたらよいかを考えていこう．

磁石の周りの磁場は，鉄粉をまくことでたやすく見えたが，電荷の周りに細かい粉をまくなどしても電気力の場は簡単には可視化できない．これ

[*7] 雷のような大規模な電気現象に伴う電荷量でも，たかだか数 C であるという．

は，電荷による静電誘導が，電荷の周りのすべての物で引き起こされてしまい，電荷だけによる場を抽出できないためと考えられる．代わりに工夫した以下の実験をしてみよう．

実験 3.1

用意するもの 横 2～5 cm，縦 0.5～1 cm ほどの紙数枚，爪楊枝数本，はさみ．

紙でまずヤジロベーを作る．［作り方］紙の縦横半分に折り目をつけ，はさみで，折り目の線が対角線となるひし形に切る．対角線の交点が山になるようにひし形の形を整えて，爪楊枝の先端に紙を乗せる．紙が中心で，ちょうどつりあって自由に回転できるように，長いほうの辺を下げて調整しよう．作ったヤジロベーを，ボールペンなどの先端をこすって誘起した電荷の周りに，いろいろなやり方で近づけて，ヤジロベーがどう動くか見てみよう（図 3.3）．ボールペンの先端には，誘起電荷ができていることに注意．

[結果] ヤジロベーを電荷と同じ高さに保って近づけると，その長い辺（矢と呼ぶ）が電荷のほうに引かれて回った．電荷を中心とする同心円に沿ってヤジロベーを動かすと，矢は絶えず電荷を向くように引かれた．同

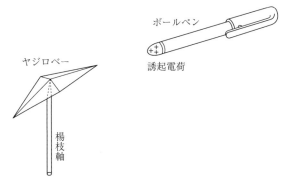

図 3.3 電荷の周りの電気力線を見る（実験 3.1）．ヤジロベーは，幅 1.4 cm の付箋を 5 cm の長さに切って作った．

心円の半径を増やすと力は弱まり,減らすと力は強くなった.電荷を中心とする半径方向に沿って移動させると,矢は,電荷方向を指し続けた.ヤジロベーと電荷の高さを変えてみたら,ヤジロベーは上下に傾くように電荷に引きつけられた.

実験からわかるように,ヤジロベーは電荷に引かれる.ヤジロベーが電荷により静電誘導で分極したためであり,その矢の方向は,電気力の方向をさす.電気力は,電荷の周りの空間に3次元的に分布し,矢の方向をたどれば,磁力線と同様の**電気力線**が描ける.実験3.1で私たちは,磁場のときのように直接可視化することはできないが,いろいろな場所でのヤジロベーの向きと引かれかたから,電荷の周りに電気力線の場,すなわち**電場**が作られることを見たことになる.実験結果は,電荷の周りの電気力線は,電荷を中心として放射状に広がり,同心円(球)上で同じ大きさを持つことを示している.

点電荷と電気双極子

しかし,電気力線の空間分布を見るのに,いちいちヤジロベーを使うのでは厄介だし,全体像もつかめない.ではどうすればよいか.ここにこそ,先に得た,2つの電荷の間に働くクーロンの法則の数式表現の出番がある.クーロン力の式と重ね合わせの原理を応用すれば,さらに一般の場合でも,電気力が空間の関数として与えられるから,電気力線の空間分布,つまり電場が一般的に求められるのである.

手始めに,広がりの無視できる1個の電荷(**点電荷**(point charge))から出発しよう.考える電荷を Q とし,この電荷のつくる場を探る電荷を q とおく.電荷 Q の位置を原点に取り,探り電荷の位置を r とする.クーロンの法則(3.1),(3.2)から,探り電荷に作用する電気力 $\boldsymbol{f}_q(\boldsymbol{r})$ は,

$$\boldsymbol{f}_q(\boldsymbol{r}) = q \cdot \frac{Q}{4\pi\varepsilon_0 r^2} \hat{\boldsymbol{r}} \tag{3.3}$$

である.探り電荷を変えれば,力は変わるが,(3.3)に見るとおり,力を探り電荷の大きさ q で割れば,与えられた電荷だけによる力線の空間的構

造が得られる.そこで,**探り電荷に作用する電気力を探り電荷で割った量**を,**電場**と定義し,$E(r)$ と書こう.

$$E(r) = \frac{f_q(r)}{q} = \frac{Q}{4\pi\varepsilon_0 r^2}\widehat{r} \qquad (3.4\text{a})$$

これより,点電荷の電場は,電荷を中心とする同心球上で同じ大きさを持ち,電気力線は,球の動径に沿っていて,源の電荷の符号が正なら,外に湧き出すように向き,負なら中心に吸い込まれるように向く.実験 3.1 の結果が裏づけられたといえよう(図 3.4).ポイント 2 で見たとおり磁場と同様,電場も場所によるから $E(r)$ のように表わされ,ベクトル場である.

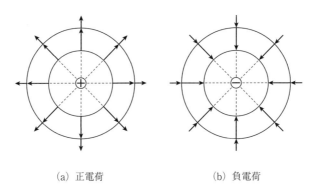

(a) 正電荷　　　　　(b) 負電荷

図 3.4　点電荷の周りの電場

ところで,今は,電荷の位置を原点に置いて考えた.一般化するために,電荷は r' にあるとすれば,(3.4a)は,

$$E(r) = \frac{Q}{4\pi\varepsilon_0 |r - r'|^2}\widehat{r - r'} \qquad (3.4\text{b})$$

と表わされることに注意しよう.

例題 3.5

(1) 電場の単位を求めよ.

(2) 電場中のある点に 1 C の電荷を置いたら,x 軸の正の方向に 1 N の力を受けたという.同じ場所に -2 C の電荷を置いたと

[解] (1)「電場」=「力」÷「電荷」ゆえ電場の単位は，NC^{-1}.

(2) 電場は x 軸の正方向で，大きさは $E = 1\,NC^{-1}$ だから，$\boldsymbol{E} = E\hat{\boldsymbol{x}} = 1\hat{\boldsymbol{x}}\,(NC^{-1})$．$q = -2\,C$ の電荷に働く力は，$\boldsymbol{f}_{-2C} = q\boldsymbol{E} = -2\hat{\boldsymbol{x}}\,(N)$．大きさは $2\,N$ で x 軸の負方向．

── 例題 3.6 ──

正の点電荷 $Q > 0$ の周りの電場を，電荷の置かれた平面上 ($z = 0$, xy 平面) で図示せよ．点電荷の符号を変えた場合も描くこと．

[解] 図 3.4 に示す．

電荷が複数個あるときの電場も，クーロンの法則と重ね合わせの原理から求めることができる．例題で挑戦しよう．

── 例題 3.7 ──

2 点 $\boldsymbol{r}_1 = (-\frac{1}{2}d, 0, 0)$, $\boldsymbol{r}_2 = (\frac{1}{2}d, 0, 0)$ にそれぞれ以下の電荷対を置いたときの電場を電荷の平面上 ($z = 0$) で図示せよ．ただし，$d > 0$, $Q > 0$ とする．電荷対の中間面 ($x = 0$) での，それぞれの電気力線の方向はどうなっているか．

(a) $\boldsymbol{r}_1$ に Q, $\boldsymbol{r}_2$ に Q の正電荷対

(b) $\boldsymbol{r}_1$ に $-Q$, $\boldsymbol{r}_2$ に Q の正負電荷対

[解] 重ね合わせの原理から点 $\boldsymbol{r} = (x, y)$ における電場は，まとめて，

$$\boldsymbol{E}(\boldsymbol{r})_{\pm} = \frac{Q}{4\pi\varepsilon_0}\left\{(\pm)\frac{1}{\left(x+\frac{1}{2}d\right)^2 + y^2} \times \frac{\left(x+\frac{1}{2}d, y\right)}{\sqrt{\left(x+\frac{1}{2}d\right)^2 + y^2}}\right.$$

$$+\frac{1}{\left(x-\frac{1}{2}d\right)^2+y^2}\times\frac{\left(x-\frac{1}{2}d,y\right)}{\sqrt{\left(x-\frac{1}{2}d\right)^2+y^2}}\Biggr\} \quad (3.5\pm)$$

ここに,電場 $E(r)_\pm$ は $\{\ldots\}$ 内の第 1 項の符号が $+$ の場合(a), $-$ の場合(b)にそれぞれ対応する.これらを図示すると,図 3.5 のようになる.中間面($x=0$)での力線の方向は,(a)の場合,中間面に沿う方向(y 方向),(b)の場合は負電荷から正電荷に向かう方向($(d,0)=d\hat{\boldsymbol{x}}=\boldsymbol{d}$ 方向).

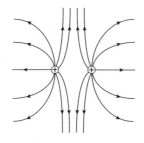
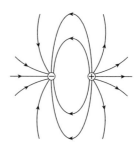

(a) 正電荷対(負電荷対は矢印が逆)　　(b) 正負電荷対(電気双極子)

図 3.5　電荷対による電場

図 3.5 を,磁気の場合の図 2.2 と比べると,正電荷対(負電荷対)の電場は同種極間の磁場に,正負電荷対の電場は異種極間の磁場によく対応している.正電荷対(負電荷対)の場合は,正と負で,電気力線の向きが変わるだけで,電荷からの電気力線は,互いに相手の力線を押し合うように分布し,力が斥力になることを示す.正負電荷対の場合は,正電荷からの電気力線が負電荷に引き込まれるように分布し,力が引力となることを示す.

とくに,図 3.5(b)の正負電荷対を,**電気双極子**(electric dipole)と呼ぶ.正負電荷対から遠く離れた場所($\sqrt{x^2+y^2}=r\gg d$)での,電気双極子による電場はどうなるだろうか.式(3.5−)で $r\gg d$ として,分母を展開すれば [*8]

$$\frac{1}{\left(\sqrt{\left(x\pm\frac{1}{2}d\right)^2+y^2}\right)^3} \approx \frac{1}{(\sqrt{x^2+y^2})^3(\sqrt{1\pm r^{-2}dx})^3}$$

$$\approx r^{-3}\left(1\mp\frac{3dx}{2r^2}\right)$$

となるから，(3.5−) に代入して，$Qd=p$, $\boldsymbol{p}=p(1,0,0)=p\widehat{\boldsymbol{x}}$ とすれば，

$$\boldsymbol{E}(\boldsymbol{r})_- = \frac{Q}{4\pi\varepsilon_0}\frac{d}{r^3}\left\{\frac{3x(x,y)}{r^2}-(1,0)\right\} = \frac{p}{4\pi\varepsilon_0\,r^3}\left\{\frac{3x\widehat{\boldsymbol{r}}}{r}-\widehat{x}\right\} \longrightarrow$$

$$\boldsymbol{E}(\boldsymbol{r})_- = \frac{1}{4\pi\varepsilon_0\,r^3}\{3(\boldsymbol{p}\cdot\widehat{\boldsymbol{r}})\widehat{\boldsymbol{r}}-\boldsymbol{p}\} \tag{3.6}$$

これが，遠方での電気双極子の電場である[*9](式(3.6)は，電気双極子ベクトル $\boldsymbol{p}$ が任意方向のときにも成り立つ)．なお，電荷の大きさ Q に，電荷対の間隔 d をかけた量 $p=Qd$ は電気双極子モーメントの大きさと呼ばれる．また電荷間の相対位置ベクトル $\boldsymbol{d}=(d,0)=d\widehat{\boldsymbol{x}}$ をかけた $\boldsymbol{p}=p\boldsymbol{d}$ を電気双極子モーメント(ベクトル)と呼ぶ．電気双極子モーメントの方向は，負電荷から正電荷に向かう向きに採る．

もっと複雑な電荷の系の場合にも，クーロンの法則と重ね合わせの原理から電場を定めることができる．例題にしておこう．

例題 3.8

点電荷 Q_i, $i=1,2,\ldots,n$ がそれぞれの位置 $\boldsymbol{r}_i$ に置かれた系の電場を求めよ．

[解] 電荷 Q_i による $\boldsymbol{r}$ での電場は(3.4b)より $\dfrac{Q_i}{4\pi\varepsilon_0|\boldsymbol{r}-\boldsymbol{r}_i|^2}\widehat{\boldsymbol{r}-\boldsymbol{r}_i}$ であるから，重ね合わせの原理より，各電荷についての和を取れば，系全体

[*8] $a\ll 1$ のとき $(1\pm a)^{-1}\approx 1\mp a$, $(1\pm a)^n\approx 1\pm na$ と近似してよい．

[*9] この近似は，原子などのミクロの双極子を扱うときに有効となる．なお $\boldsymbol{p}\cdot\widehat{\boldsymbol{r}}$ は，(3.11a, b)の内積である．

による電場が得られる*10.

$$E(r) = \sum_{i=1}^{n} \frac{Q_i}{4\pi\varepsilon_0 |r-r_i|^2} \widehat{r-r_i} \qquad (3.7)$$

一般の場合の電場を求めることができたから,電場と電荷に働く力の間の関係を一般化して与えておこう.

点 r に置かれた電荷 q に働く電気力が $f_q(r)$ であるとき,電場 $E(r)$ は,電気力を電荷 q で割って得られ,逆に電場が与えられれば,電気力は,電場と電荷の積で与えられる.

$$E(r) = \frac{f_q(r)}{q} \quad \longleftrightarrow \quad f_q(r) = qE(r) \qquad (3.8)$$

電束密度とガウスの法則

電荷の配置が与えられれば,クーロンの法則と重ね合わせの原理から,電場を求めることができた.では,逆に電場から,その源である電荷とその配置について情報が得られないだろうか.まず,例題3.6で見たように,電場のある点に力線の湧き出し(吸い込み)があれば,そこに点電荷があるとみなせる.もっと複雑な場合でも,電気力線の様子を分析すればよさそうである.そのためには,ポイント2で見た磁場からの類推が役に立つ.磁場の方向と強さは,磁力線の方向と密度,つまり磁束密度で表わせた.また,単独の磁荷はないが,磁極の強さはそれを取り囲む閉じた曲面を貫く全磁束(磁力線の総数)で決まることを見た.ファラデーによるこの類推を進めよう.

磁場で見たことを念頭に置いて,電場についても,力線に垂直な面を貫く電気力線の数で**電束**を定義する.そして,電場の中に閉曲面をいろいろな場所で考えて,その閉曲面を出入りする電気力線を数えて,正味で,閉曲面を貫く電束がどうなっているかに注目しよう.

---

*10 $\sum_{i=1}^{n} A_i = A_1 + A_2 + \cdots + A_n$ は,和(summation)で,Σ(シグマと読む)はギリシャ文字で,英字のSにあたる.

まずすぐにわかるのは，内部に電荷がない閉曲面を選ぶと，点電荷，正負電荷対，同符号電荷対いずれの場合にも，入り込む電気力線は，必ず外に出て行くから，差し引きで全電束はゼロである．この結果は，上に挙げた例にとどまらず，任意の閉曲面に対し一般の電場で成り立つ．

これに対し，内部に電荷を含む閉曲面を採るとどうなるか．点電荷の場合，電荷を含む閉曲面を採れば，電荷からの電気力線が，正電荷の場合は中から外へ，負電荷の場合は外から中へ閉曲面を貫いている．

点電荷の電気力線は，正電荷ではあたかも水が源から湧き出すように，負電荷では，排水口に吸い込まれるように分布する．湧き出しないし吸い込みの全電束は，電荷の大きさが同じなら同じであり，閉曲面の形にはよらない．

いま，閉曲面としては最も簡単な，点電荷を中心とするある半径の球面を採ろう．この球の上の電場は，半径方向，つまり球面に垂直で，大きさは球面上どこにあっても同じである．電荷量を Q，球面の半径を r とすれば，電場の強さは $E(r) = \dfrac{Q}{4\pi\varepsilon_0 r^2}$ である．球面の面積は $4\pi r^2$ であるから，球面を貫く電気力線の総数は，面積 × 電場 = $4\pi r^2 \times E(r) = \dfrac{Q}{\varepsilon_0}$ となる．これより，「誘電率×電場×面積」＝「電荷」，となる．そこで，一般の場合にも（ただし真空中）電場に誘電率をかけた量を**電束密度**と呼び，$\boldsymbol{D}(\boldsymbol{r})$ と書こう．

$$\varepsilon_0 \boldsymbol{E}(\boldsymbol{r}) = \boldsymbol{D}(\boldsymbol{r}) \tag{3.9}$$

電束密度は，電場同様ベクトルである．上に得た結果を電束密度で表わせば，「面積×電束密度」＝「全電束」＝「電荷」，すなわち，

$$4\pi r^2 \times D(r) = 4\pi r^2 \times \varepsilon_0 E(r) = 全電束 = Q \tag{3.10a}$$

となって，点電荷による電場に関しては，全電束を求めれば，電場の源である電荷に行き着くことがわかった．上では，閉曲面として点電荷を中心とする球面を採ったが，電気力線は磁力線同様，交差や枝分かれをしないし途中でとぎれたり，突然発生したりしないから，任意の閉曲面を貫く

全電束は，球面の場合に等しく(3.10a)，つまり電荷を与える[*11]．

---- 例題 3.9 ----

(1) 電束密度の単位を与えよ．
(2) 半径 1 m の球の中心に 1 C の電荷が置かれている．球面上の電場の大きさと電束密度の大きさを求めよ．

[解] (1) 電束密度は，面積当たりの電荷だから，単位は $\mathrm{C\,m^{-2}}$．定義 (3.9) と (3.2) からも同じ結果を得る．

(2) 電場の大きさは，(3.2) と (3.4) より $E = \dfrac{1\,\mathrm{C}}{4\pi\varepsilon_0\,(1\,\mathrm{m})^2} = 9 \times 10^9\,\mathrm{N\,C^{-1}}$．これと (3.9) より電束密度の大きさは，$D = \varepsilon_0 E = \dfrac{1}{4\pi}\,\mathrm{C\,m^{-2}}$．もっと直接的には，(3.10a) より「電束密度」＝「電荷」÷「球の表面積」ゆえ，$D = \dfrac{1\,\mathrm{C}}{4\pi(1\,\mathrm{m})^2} = \dfrac{1}{4\pi}\,\mathrm{C\,m^{-2}}$．

ここで，電束に対し符号を定義しておこう．閉曲面を貫く電気力線の向きは，内部にある電荷の符号が正なら，閉曲面の内側から外へ向かう．そこで，**電束の符号として，閉曲面の内部から外部に向かう向きを正と定める**．こうすると，式 (3.10a) は，電荷の符号まで正しく反映する．

閉曲面が点電荷を囲む場合について得たことを，電荷対について見てみよう．閉曲面が，電荷対のどちらか一方だけを囲むときは，結局 1 個の電荷を囲むのだから，点電荷のときと同じ結論になる．閉曲面が，電荷対の両方を囲むときを図 3.5 で見よう．同符号の電荷対の場合 (図 3.5(a))，全電束は，1 個の電荷の 2 倍で，正符号のときは外へ突き抜け，負符号のときは中へ入り込むから，「全電束 $=\pm 2Q$」である．他方，正負電荷対のときは，正電荷から湧き出た力線は，すべて負電荷に吸い込まれるから，「全電束 $= 0$」である．

これまでの結果をまとめると，次のようになる．

[*11] 電荷を囲む任意の閉曲面を変形すれば，電荷を中心とする球にできる．この際，全電束は変わらない．

> 閉曲面を貫く全電束 = 閉曲面内部の電荷の総和　　　(3.10b)

これを，**ガウスの法則**という．

ガウスの法則は，今までに扱った，点電荷，電荷対だけでなく，電荷の集まり一般について成り立つ．これを示すには，球だけでなく，一般の閉曲面を考えなくてはならない．そのために，電束の定義に戻って考えよう．電束は，電気力線に垂直な微小面を通る電気力線の数，と定めた．ところで，図 3.6 に見るとおり，この微小面の縁からなる管を考えて伸ばしていくとき，管の任意の断面を貫く電気力線の数は，最初に考えた垂直な微小面の電束に等しい．

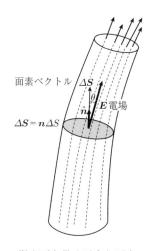

図 3.6　微小面を貫く電束と面素ベクトル

今そのような微小断面の一つをとり，その面積を ΔS としよう．断面を平面とみなせるまで微小にして，微小断面に垂直で，閉曲面の内部から外へ向かう方向（法線方向(normal direction)）を n とおく（面の方向を内 → 外と選ぶのは，前に定めた電束の符号に合わせるためである）．微小面での電場を E としよう．微小断面の法線 n が電場（電気力線）となす角を θ とすれば，微小断面の電場に垂直な方向の成分は $\Delta S \cos\theta$

であるから，電束は，電束密度と電場に垂直な面の面積の積，つまり $\varepsilon_0 E \Delta S \cos\theta = D \Delta S \cos\theta$ に等しい．

ここで，記述を簡潔にするために，ベクトルの内積という量を導入しよう．ベクトル $\boldsymbol{a}, \boldsymbol{b}$ の間の角が θ_{ab} のとき，それらの内積を，おのおのの大きさの積に角の余弦をかけた量で定義する．

$$\text{ベクトルの内積} \qquad \boldsymbol{a} \cdot \boldsymbol{b} = ab\cos\theta_{ab} \qquad (3.11\text{a})$$

―― 例題 3.10 ――

デカルト座標で $\boldsymbol{a} = (a_x, a_y, a_z)$, $\boldsymbol{b} = (b_x, b_y, b_z)$ であるとすれば，内積が，

$$\boldsymbol{a} \cdot \boldsymbol{b} = a_x b_x + a_y b_y + a_z b_z \qquad (3.11\text{b})$$

となることを示せ．

[解] ベクトル $\boldsymbol{a}$ が x 軸上に乗るように座標系を採れば，$\boldsymbol{a} = (a, 0, 0)$ であり，$\boldsymbol{b}$ とのなす角が θ_{ab} だから，$\boldsymbol{b}$ の x 成分 b_x は $b_x = b\cos\theta_{ab}$. これより，(3.11b) の右辺は $ab\cos\theta_{ab} + 0 + 0$ となり，これは(3.11a)より，内積 $\boldsymbol{a} \cdot \boldsymbol{b}$ に等しい． ∎

内積で表わせば，上に求めた微小面を貫く電束は，$D\Delta S\cos\theta = \boldsymbol{D}\cdot\boldsymbol{n}\Delta S$ となる．さらに，微小面を，大きさが面積 ΔS に等しく，法線方向を向くベクトル $\Delta\boldsymbol{S} = \boldsymbol{n}\Delta S$（以下，**面素ベクトル**と呼ぶ）とみなせば，電束は，$\boldsymbol{D}\cdot\Delta\boldsymbol{S}$ と書くことができる．

ガウスの法則の微分形と積分形

以上で，任意の閉曲面を貫く全電束を求めるための準備ができた．考える閉曲面を S としよう．この閉曲面の中には電荷 $Q_i, i = 1, 2, \ldots, n$ があるとする．この曲面を，網目で細かく分けて，おのおのの微小面の面素を $\Delta\boldsymbol{S}_J, J = 1, 2, \ldots, M$ とおく．各面素での電束密度ベクトルを $\boldsymbol{D}_J$ とすれば，各面素を貫く電束は，$\boldsymbol{D}_J \cdot \Delta\boldsymbol{S}_J$ であるから，全電束は，これらの

総和で与えられ，ガウスの法則から，S 内部の電荷の総和に等しい．

$$\sum_{J=1}^{M} \boldsymbol{D}_J \cdot \Delta \boldsymbol{S}_J = \sum_{i=1}^{n} Q_i \qquad (3.10\text{c})$$

さらに，網目の数を無限に大きくし，面素を無限小にする極限をとれば，左辺は**面積分**となり，**ガウスの法則**の積分形を得る．

$$\lim_{\Delta S \to 0} \sum_{J=1}^{M \to \infty} \boldsymbol{D}_J \cdot \Delta \boldsymbol{S}_J = \int_{\text{S}} \boldsymbol{D} \cdot d\boldsymbol{S} = \int_{\text{S}} \varepsilon_0 \boldsymbol{E} \cdot d\boldsymbol{S} = \sum_{i=1}^{n} Q_i \qquad (3.10\text{d})$$

いま，閉曲面 S の囲む体積を V としよう．一般にベクトル場 $\boldsymbol{A}$ の S についての面積分は，ベクトル解析の**ガウスの定理**により体積積分に置き換えることができる(証明は付録参照)．

$$\int_{\text{S}} \boldsymbol{A} \cdot d\boldsymbol{S} = \int_{\text{V}} \operatorname{div} \boldsymbol{A} \, dV \qquad (3.12\text{a})$$

ここに div $\boldsymbol{A}$ は，ベクトル場に対する微分演算で，デカルト座標では，

$$\operatorname{div} \boldsymbol{A} = \nabla \cdot \boldsymbol{A} = \frac{\partial A_x}{\partial x} + \frac{\partial A_y}{\partial y} + \frac{\partial A_z}{\partial z} \quad \left(\nabla = \left(\frac{\partial}{\partial x}, \frac{\partial}{\partial y}, \frac{\partial}{\partial z} \right) \right) \qquad (3.13)$$

と書かれる．上で div $\boldsymbol{A}$ は，**発散**(divergence)と呼ばれるスカラー量である．付録で示したように，発散は，微小な閉じた領域(閉曲面 ΔS の囲む体積 ΔV)を外向きに貫き出るベクトル場の束の，領域を微小にした極限で与えられる．

$$\lim_{\Delta V \to 0} \frac{\int_{\Delta S} \boldsymbol{A} \cdot d\boldsymbol{S}}{\Delta V} = \operatorname{div} \boldsymbol{A} \qquad (3.12\text{b})$$

すなわち div(発散)は，体積当たりに場がどれほど湧き出すか(あるいは吸い込まれるか)の度合いを表わすから，場の源の局所的情報を与えてくれる．なお，$\dfrac{\partial}{\partial x}$ などは，偏微分(partial derivative)の演算子である．

$$\frac{\partial f(x,y,z)}{\partial x} = \lim_{\Delta x \to 0} \frac{\{f(x+\Delta x, y, z) - f(x,y,z)\}}{\Delta x} \qquad (3.14)$$

ガウスの定理(3.12a)を(3.10d)に用いれば，積分形のガウスの法則は，さらに，

$$\int_S \boldsymbol{D}\cdot d\boldsymbol{S} = \int_V \mathrm{div}\boldsymbol{D}\,dV = \sum_{i=1}^n Q_i \qquad (3.10\mathrm{e})$$

となる．

連続極限

今までは，電荷は不連続に分布していると仮定したが，分布が連続的な場合に拡張しよう．そのために，電荷密度を場所の関数として導入する．いま，ある位置 $\boldsymbol{r}$ の周りに，微小だが，各辺の長さが電荷間の平均距離より十分長い直方体 $\Delta V(\boldsymbol{r}) = \Delta x \Delta y \Delta z$ を考えよう．この直方体に含まれる電荷 Q_i を $i \in \Delta V(\boldsymbol{r})$ と表わすと，その内部には十分多くの電荷が含まれるから，その全電荷 $\sum_{i \in \Delta V(\boldsymbol{r})} Q_i$ を体積 ΔV で割れば，$\boldsymbol{r}$ の周りの平均の電荷密度を，$\dfrac{\sum_{i \in \Delta V} Q_i}{\Delta V(\boldsymbol{r})}$ で定義できる．こうして定めた平均電荷密度が，位置の滑らかな関数とみなせる極限を**連続極限**[*12]と呼び，$\lim_{\Delta V \to 0}$ と表わそう．これより連続分布の電荷密度は，

$$\rho(\boldsymbol{r}) = \lim_{\Delta V \to 0} \frac{\sum_{i \in \Delta V} Q_i}{\Delta V(\boldsymbol{r})} \qquad (3.15)$$

と定義される．ここに ρ は，ギリシャ文字で，ローと読む．

ガウスの法則(3.10e)を連続分布の場合に拡張しよう．空間を，上で導入したような微小体積 $\Delta V(\boldsymbol{r}_J) = \Delta x_J \Delta y_J \Delta z_J$, $J = 1,\ldots,N$ に分割して，その代表点 $\boldsymbol{r}_J$ で指定する．上に導入した平均電荷密度を考えれば，全電荷 Q，つまり(3.10e)の右辺は，

[*12] 『キーポイント 連続体力学』(生井澤寛著，岩波書店)参照．微小体積の差し渡しは，系の長さよりずっと小さいが，電荷間の平均距離より十分大きいとする．

《クーロンの法則を実感する》——49

$$Q = \sum_{i=1}^{n} Q_i = \sum_{J=1}^{N} \left(\frac{\sum_{i \in \Delta V(\boldsymbol{r}_J)} Q_i}{\Delta V(\boldsymbol{r}_J)} \right) \Delta V(\boldsymbol{r}_J)$$

と表わされる．そこで，上式の右辺の連続極限をとれば，微小体積 $\Delta V(\boldsymbol{r}_J) = \Delta x_J \Delta y_J \Delta z_J$ は体積要素 $dV = dxdydz = d^3\boldsymbol{r}$ となり，分割体積の和 $\sum_{J=1}^{N} \ldots$ は体積積分となる．こうして(3.10e)は，連続分布の場合，

$$\int_S \boldsymbol{D} \cdot d\boldsymbol{S} = \int_V \mathrm{div}\boldsymbol{D}\, dV = \int_V \rho(\boldsymbol{r})\, dV = Q \tag{3.10f}$$

となる．これより，目標であった電場の局所的情報が，

$$\varepsilon_0 \mathrm{div}\boldsymbol{E} = \mathrm{div}\boldsymbol{D} = \rho \tag{3.10g}$$

として得られた．これを，**ガウスの法則の微分形**と呼ぼう．ガウスの法則は，電束密度ベクトルの発散(湧き出し)が電荷密度に等しいこと，つまり，電場の源が，電荷であることを表わす．

ところで ポイント 2 で見たように，磁場には，単独の磁荷が存在しないから，**磁場のガウスの法則は，閉じた面を貫く全磁束は常に 0 である**，となる．これより，電場で学んだことを応用すれば，磁束密度 $\boldsymbol{B}$，閉曲面 S に対し，磁場のガウスの法則の積分形は，

$$\int_S \boldsymbol{B} \cdot d\boldsymbol{S} = 0 \tag{3.16a}$$

微分形は，

$$\mathrm{div}\boldsymbol{B} = 0 \tag{3.16b}$$

となる．

少し抽象的になったので，具体例を考えよう．

例題 3.11

(1) 原点に置かれた点電荷 Q による電場の電束密度ベクトル $\boldsymbol{D}$ の表式を，(3.4)と(3.9)から与えよ．

(2) 求めた電束密度の発散 div$\boldsymbol{D}$ を計算し，ガウスの法則の積分形(3.10e)に代入して，点電荷の全電束の式(3.10a)を確かめよ．［ヒント］手順として以下に従うこと．ただし，$r = \sqrt{x^2+y^2+z^2}$ であり，δ は微小な長さとする．

(a) $r > \delta \neq 0$ のとき $\dfrac{\partial r}{\partial x} = \dfrac{x}{r}$ を示す．

(b) $r > \delta \neq 0$ のとき $\dfrac{\partial}{\partial x}\dfrac{x}{r^3} = \dfrac{1}{r^3} - 3\dfrac{x^2}{r^5}$ などを示し，その結果から $\mathrm{div}\left(\dfrac{\boldsymbol{r}}{r^3}\right)\bigg|_{r>\delta \neq 0} = 0$ を導く．

(c) これらより(3.10e)の体積積分は半径 δ の球の内部だけとなる．そこで div$\boldsymbol{D}$ を，ガウスの定理(3.12a)で $\boldsymbol{D}$ についてこの球の面積分に戻し $\delta \to 0$ の極限をとる．なお必要なら，

関数の関数の微分 $\quad \dfrac{\partial f(g)}{\partial x} = \dfrac{\partial f(g)}{\partial g}\dfrac{\partial g}{\partial x}$

関数の積の微分 $\quad \dfrac{\partial (f \cdot g)}{\partial x} = \dfrac{\partial f}{\partial x}\cdot g + f \cdot \dfrac{\partial g}{\partial x}$

関数のべきの微分 $\quad \dfrac{\partial f^n}{\partial x} = nf^{n-1}\dfrac{\partial f}{\partial x}$

を用いよ(これらも，自分で示してみよう)．

［解］(1) 点電荷の電場(3.4a)から電束密度ベクトルは，

$$\boldsymbol{D} = \varepsilon_0 \boldsymbol{E} = \dfrac{Q}{4\pi r^2}\widehat{\boldsymbol{r}} = \dfrac{Q}{4\pi}\dfrac{\boldsymbol{r}}{r^3} = \dfrac{Q}{4\pi}\dfrac{1}{r^2}(x, y, z)$$

(2) $\boldsymbol{D}$ の発散を求めるために，ヒント(a)を実行する．偏微分の定義から，$r \neq 0$ のとき，

$$\begin{aligned}
\dfrac{\partial r}{\partial x} &= \lim_{\Delta x \to 0} \dfrac{\sqrt{(x+\Delta x)^2 + y^2 + z^2} - \sqrt{x^2+y^2+z^2}}{\Delta x} \\
&= \lim_{\Delta x \to 0} \dfrac{(x+\Delta x)^2 + y^2 + z^2 - (x^2+y^2+z^2)}{\left(\sqrt{(x+\Delta x)^2 + y^2 + z^2} + \sqrt{x^2+y^2+z^2}\right)\Delta x} \\
&= \lim_{\Delta x \to 0} \dfrac{2x\Delta x + (\Delta x)^2}{\left(\sqrt{(x+\Delta x)^2 + y^2 + z^2} + \sqrt{x^2+y^2+z^2}\right)\Delta x} \\
&= \dfrac{x}{r}
\end{aligned}$$

さらにヒント(b)から,
$$\frac{\partial}{\partial x}\frac{x}{r^3} = \frac{\partial x}{\partial x}r^{-3} + x\frac{\partial r^{-3}}{\partial x}$$
$$= r^{-3} + x\frac{\partial r}{\partial x}\frac{\partial}{\partial r}r^{-3} = r^{-3} - 3x^2 r^{-5}$$

となる.同様にして y, z の偏微分も求められる.よって,$\mathrm{div}\boldsymbol{D} = \frac{\partial D_x}{\partial x} + \frac{\partial D_y}{\partial y} + \frac{\partial D_z}{\partial z}$ なので,代入すると $\mathrm{div}\boldsymbol{D}\big|_{r>\delta\neq 0} = 0$. これより (3.10e)の体積積分は,半径 δ の球からの分だけとなる.

$$\int \mathrm{div}\boldsymbol{D}\, dV = \int_{r\leqq\delta} \mathrm{div}\boldsymbol{D}\, dV.$$

そこでヒント(c)に従うと,

$$\int_{r\leqq\delta} \mathrm{div}\boldsymbol{D}\, dV = \int_{r=\delta} \boldsymbol{D}\cdot d\boldsymbol{S} = \frac{Q}{4\pi}\int_{r=\delta}\frac{\boldsymbol{r}}{r^3}\cdot d\boldsymbol{S} = Q.$$

ここで,この球面上では $r=\delta$ であり,球の面素は,中心からの動径方向を向くから $\boldsymbol{r}\cdot d\boldsymbol{S} = r dS = \delta dS$ となって,面積分は $\delta^{-2}\int_{r=\delta} dS = 4\pi$ に帰着することを用いた.

以上をまとめれば(3.10e)は,$\int \mathrm{div}\boldsymbol{D} dV = Q$ となって点電荷の場合 (3.10a)に帰着する.

例題3.11で見たとおり,点電荷の電場では,$\mathrm{div}\boldsymbol{E}$ は,電荷から離れたところではゼロであり,電荷の位置でのみ値(無限大)をとる.電場の源が点電荷で,その位置(点)にあることがはっきりした[*13].

[*13] 実際には電荷は電子,陽子などの素粒子が担うが,点ではなく広がりを持つ.点電荷というのは,質点などと同様,物理的な理想化である.

付録(ガウスの定理)

ガウスの定理を導こう．体積 V を各座標軸に垂直な面で微小部分に分割して，ある分割体積 ΔV を囲む面を ΔS とする(図3.7)．この面でのベクトル場 $\boldsymbol{A}$ の面積分を，各軸に垂直で相対する2つの微小面ごとにとると ($x' = x + \frac{1}{2}\Delta x, y' = y + \frac{1}{2}\Delta y, z' = z + \frac{1}{2}\Delta z$ とする)，相対する面の法線は互いに逆方向であるから，

$$\int_{\Delta S} \boldsymbol{A} \cdot d\boldsymbol{S} = \Delta y \Delta z (A_x(x + \Delta x, y', z') - A_x(x, y', z'))$$
$$+ \Delta z \Delta x (A_y(x', y + \Delta y, z') - A_y(x', y, z'))$$
$$+ \Delta x \Delta y (A_z(x', y', z + \Delta z) - A_z(x', y', z))$$
$$\approx \left(\frac{\partial A_x}{\partial x} + \frac{\partial A_y}{\partial y} + \frac{\partial A_z}{\partial z} \right) \Delta x \Delta y \Delta z = \int_{\Delta V} \operatorname{div} \boldsymbol{A} dV$$

この結果を，分割すべてについて辺々加えると，右辺は全体積にわたる $\operatorname{div} \boldsymbol{A}$ の積分となる．左辺は，図3.7(b)でわかるとおり，隣り合う分割の接する面で法線は逆向きだから，内部にある微小面の面積分は相殺し，V を囲む表面 S 上の $\boldsymbol{A}$ の面積分だけが残り，ガウスの定理(3.12a)が得られる．

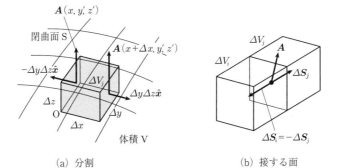

(a) 分割　　　　　　　(b) 接する面

図 3.7　ガウスの定理

ポイント 4

ガウスの法則から電場を求める

　ガウスの法則から，電場中で，いろいろな閉曲面を貫く全電束を求めるか，ないしは各点での電束密度の発散を求めれば，電荷の配置がわかる．逆に，電荷の分布が与えられているとき，ガウスの法則を使うと，電場を求めることができる．ここでは，対称性が良いいくつかの電荷分布を考え，対応する電場をガウスの法則によって求めてみよう．対称性に合わせて閉曲面をうまく選ぶのがコツである．

一様に帯電した球

これまでと同じように，電荷の配置も電場も時間によらないとしよう(**静電場**)．

まず，半径 a の球面が，一様な面密度(面積あたりの電荷) σ (ギリシャ文字のシグマ)に帯電しているときにできる電場を考える．電荷分布は球の中心の周りに回転対称(球対称)である．これより，求める電場は，球の中心からの動径に沿っていて，大きさは半径だけによることがわかる．念のために，例題で考え方に慣れよう．

— 例題 4.1 —

一様に帯電した球面の電場は，球の中心からの動径に沿っていて，大きさは半径だけによることを示そう．

[解] 空間のある点 P における電場を考えよう．点 P と球の中心 O を結ぶ動径 PO と帯電球面との交点を A とする．帯電球面上の点 B の周りの微小領域の電荷[*1]による点 P での電場は，線分 BP の方向にある．一方，点 B の動径 PO について線対称な点 B′ は，B と同様，帯電球面上にある．B のときと同様に考えれば，点 B′ の電荷による点 P での電場は，線分 B′P ＝ BP だから，大きさは同じで，方向は線分 B′P に沿う．ところで，B と B′ は動径 PO に関して線対称にとったから，BP と B′P の動径 PO に垂直な成分は，大きさは同じだが符号が異なる(逆方向)から打ち消しあう．これより，点 B と B′ の電荷が点 P に及ぼす電場は，重ね合わせれば，動径 PO 方向の成分だけとなる．

同様にして帯電球面上の残りの対称点の組からの電場を重ね合わせれば，帯電球面による電場は，動径 PO に沿う成分だけとなることがわかる．

さらに，帯電球面の中心 O から動径 PO と同じ半径を持つ同心球面上

[*1] 正確には考える点を中心とする微小面素 dS 上の電荷 $\sigma\,dS$．以下に帯電球面上のある点の電荷といえば，この意味に理解しよう．

の任意の点の電場は，やはりその点の動径方向にあり，大きさは，球対称性から，Pにおけるのと同じである．これより中心がOの同心球面上の電場の大きさは，同心球の半径だけの関数となる．

これまでにわかったことを踏まえて，続く例題で電場を求めよう．

─── 例題 4.2 ───
面密度 σ の帯電球面による電場を求め，図示しよう．

[解] 帯電球面の中心Oを原点とする座標系をとろう．点Pの位置ベクトルを $\bm{r}$ とし，その方向ベクトルと長さをそれぞれ $\hat{\bm{r}}, r$ とおく．例題 4.1 の結果から，点Pでの電場は，動径方向 $\hat{\bm{r}}$ で大きさは動径 r の関数だから，$\bm{E}(\bm{r}) = E(r)\hat{\bm{r}}$ とおくことができる．電場は原点の周りに球対称だから，閉曲面としては，原点を中心とする球面をとるとよい．そこで，考える点Pが乗る中心がOで半径が r の球面を S_r として，この面にガウスの法則(3.10d)を当てはめると，

$$\varepsilon_0 \int_{S_r} \bm{E}(\bm{r}) \cdot d\bm{S} = Q(r)$$

ここに，$Q(r)$ は球面 S_r 内の全電荷であり，点Pが帯電球面の内側 $(r < a)$ にあれば 0，外または帯電面上 $(r \geqq a)$ にあれば，帯電面上の全電荷 $4\pi a^2 \sigma$ に等しい．一方，ガウスの法則の左辺の面積分は，電場が動径に沿うから，面素ベクトルと同方向であり，球面 S_r 上の電場の大きさがくくり出せて，球面の面積となる．

$$\varepsilon_0 \int_{S_r} \bm{E}(\bm{r}) \cdot d\bm{S} = \varepsilon_0 E(r) \int_{S_r} dS = 4\pi r^2 \varepsilon_0 E(r)$$

結局，電場は，

内部で $(r<a)$ $\bm{E}(\bm{r}) = 0$,　　外部で $(r \geqq a)$ $\bm{E}(\bm{r}) = \dfrac{Q}{4\pi \varepsilon_0 r^2} \hat{\bm{r}}$

となる(図 4.1)．ここに，$Q = 4\pi \sigma a^2$ は帯電球面の全電荷である．

例題 4.2 より，帯電球面内部には電場はないが，外部では，球の中心に

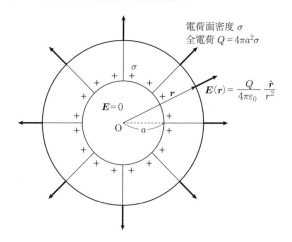

図 4.1　一様に帯電した球面の電場

全電荷が集中した点電荷による電場と同等である．電場は帯電球面により，内外で分かれ，内部は，外部と遮断されるのである．このような一様に帯電する面は，金属(導体)で実現される．そして，この結果の一般化として，導体の閉曲面の内部には外部の電場は入れない(**静電遮蔽**という)ことが示される．また，広がった帯電物体のつくる電場は，物体の広がりが無視できるほど遠方では，物体が帯びる全電荷が物体の中心に集中した点電荷による電場でよく近似できる．そこで，次の実験で確認しよう．

――― **実験 4.1** ―――――――――――――――――
　金網のざるを携帯ラジオにかぶせると，音はどう変わるか．

[結果] 音がほとんど聞こえなくなった．
　ラジオは，放送局からの電波を受け取って音にするが，導体である金網が電磁波である電波を遮蔽したために，音が聞こえなくなったのである[*2]．鉄筋を使った建物内部やエレベーターの中で，携帯電話が聞こえな

[*2] 金属の網で囲んだかごの内部の電場を測ったファラデーにちなんで，ファラデー・ケージ(Faraday cage)と呼ぶ．

くなるのも，遮蔽のせいである．

つぎに，球全体が一様に帯電している場合を考える．

例題 4.3

電荷密度 ρ (Cm^{-3}) で一様に帯電した半径 a (m) の球の内外の電場を求め，図示しよう．

[解] 系は球の中心 O の周りに回転(球)対称だから，前の例題同様に考えれば，考える点 P での電場は球の動径(OP)方向にあり，大きさは動径 OP$=r$ の関数である．$\boldsymbol{E(r)} = E(r)\hat{\boldsymbol{r}}$．閉曲面として，O を中心とする半径 OP$=r$ の球面 S_r をとれば，ガウスの法則を前例題と同様に適用できる．まず，球面 S_r を貫く全電束は，前例題の結果に等しく $4\pi r^2 \varepsilon_0 E(r)$ である．電場の源となる電荷は，点 P が帯電球の内か外かで異なることに注意すれば，電場の大きさは以下のようになる(図 4.2)．

(1) 点 P が帯電球の内部にあるとき($r \leqq a$)．球 S_r 内部の全電荷 $Q = S$ の体積 × 電荷密度 $= \dfrac{4\pi}{3}r^3\rho$，よって式 (3.10a) より $E(r) = \dfrac{\rho r}{3\varepsilon_0}$．

(2) 点 P が帯電球の外部にあるとき($r > a$)．電荷は，帯電球の全電荷 $Q = \dfrac{4\pi}{3}a^3\rho$，よって式 (3.10a) より $E(r) = \dfrac{\rho a^3}{3\varepsilon_0 r^2} = \dfrac{Q}{4\pi\varepsilon_0 r^2}$．帯電球面の場合と同様，帯電球の外部の電場は，全電荷が中心に集まったときの点電荷による電場に等しい．

一様に帯電した平面による電場

一様に帯電した無限に広い平面による電場を考えよう(図 4.3)．

任意の点を面に関して折り返した点はもとと対等である(**面対称**)から，場については帯電平面の一方の側がわかればよい．そこで，面からの高さが正の側をとろう．まず，面からの高さが同じ点は，すべて同等であるから，電場も同じである．ではその様子がどんなものかを，対称性と重ね合わせの原理を用いて，例題で探ろう．

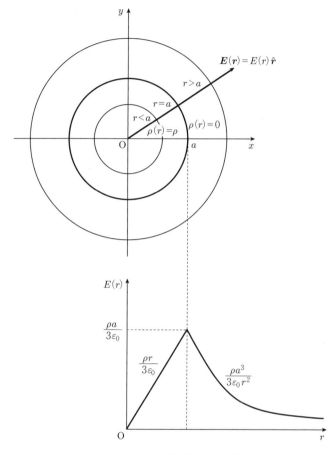

図 4.2 一様な帯電球による電場

例題 4.4

電場は，帯電平面に垂直であることを示そう．

[解] 考える点を P とし，P から帯電平面に下ろした垂線の足(面との交点)を O，P の高さを $h = \mathrm{OP}$ とする(図 4.3)．いま，O を中心とする帯電平面上の円を考え，その円上の点 Q と，O に関する点 Q の対称点 Q′

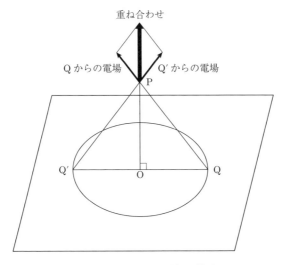

図 4.3　帯電平面の電場の構造

のそれぞれの周りの微小領域の電荷（脚注 *1 参照）が点 P におよぼす電場を考えよう．対称性から，各電場の面に平行な成分は逆方向だから，重ね合わせを取れば消えて，面に垂直な成分だけが残る．考えた円上での他の点とその対称点の組から来る電場について重ね合わせれば，同じく電場は面に垂直となる．同様のことを，帯電平面のすべての対称点の組からくる電場について重ね合わせれば，考える点 P での電場は，面に垂直成分だけとなることがわかる．

　平面電荷による電場は，平面に垂直なのである．面からの高さが同じなら，場も同じだから，高さが h の電場を $\boldsymbol{E}(h)$ とし，帯電平面の法線方向（垂直方向）を $\widehat{\boldsymbol{n}}$ とすると，$\boldsymbol{E}(h) = E(h)\widehat{\boldsymbol{n}}$ と書ける．その方向は，電荷が正なら面から湧き出す方向，負なら面に吸い込まれる方向である．これで，ガウスの法則を適用する準備ができた．閉曲面としては，帯電平面に対し平行な底面を持ち，側面は垂直である曲面を採れば，電束は底面を垂直に貫くが，側面では平行だからゼロとなり積分が容易となる．例題で積分を実行しよう．

---- 例題 4.5 ----

一様な面密度 $\sigma\,(\mathrm{Cm^{-2}})$ の帯電平面の電場を求めよう．[ヒント] 帯電平面に対し底面が平行で，他の側面が垂直な直方体にガウスの法則をあてはめよ．

[解] 2 つの底面の面積を S とし帯電平面からの高さをそれぞれ，$h_1, h_2\,(h_2 > h_1)$ とする．電荷の符号は正とする(負のときは各自考えよ)．2 つの場合に分けて考えよう(図 4.4)．

(1) 直方体が帯電平面を含まないとき $(h_2 > h_1 > 0)$．直方体の内部の電荷は 0 だから，両方の底面を貫く全電束は正方向(高さの増える向き)に $\varepsilon_0\{E(h_2) - E(h_1)\}S = 0 \to E(h_2) = E(h_1)$．電場の大きさは，帯電平面からの距離によらない(以下には E と書く)．

(2) 直方体が帯電平面を含むとき $(h_2 > 0, h_1 < 0)$．直方体の内部の電荷は面積 S の全電荷 σS．一方，底面を貫く電束は，h_2 では正方向だが，h_1 では負方向だから，ガウスの法則から，

$$\varepsilon_0\{E - (-E)\}S = \sigma S \longrightarrow E = \frac{\sigma}{2\varepsilon_0}.$$

一様な面密度 σ を持つ帯電平面による電場は，帯電面の両側で帯電面

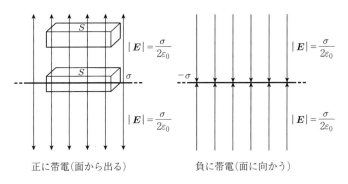

図 4.4 帯電平面にガウスの法則を当てはめる(一様な面密度の帯電平面)

からの距離によらず一定で，方向は帯電平面に垂直，大きさは $\dfrac{\sigma}{2\varepsilon_0}$ に等しい．では，正負の帯電面が平行に置かれた場合の電場はどうなるだろう．

例題 4.6

一様で逆符号に帯電した，一組の互いに平行な帯電平面による電場を求めよう．電荷の面密度を $\pm\sigma\,(\sigma>0)$ とする．

[解] 例題 4.5 からわかるように電場は，正の帯電面からは湧き出し，負の帯電面には吸い込まれるから，正負帯電面による電場の結果を重ね合わせれば（図 4.5），

(1) 平行帯電面の外側で．正負帯電面による電場は消しあって，$\boldsymbol{E}=0$．
(2) 平行帯電面の内側で．正負帯電面による電場が加算されて，$\boldsymbol{E}=\dfrac{\sigma}{\varepsilon_0}\hat{\boldsymbol{n}}$．ここに $\hat{\boldsymbol{n}}$ は，帯電面の法線方向ベクトルである．これより電束密度は $D=\varepsilon_0 E=\sigma$ であり面密度に等しい．

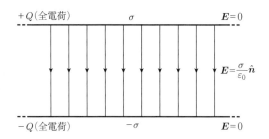

図 4.5　一様で逆符号の面密度に帯電した平行帯電面による電場

後に述べるが，この例題に現れた逆符号に帯電した平行帯電面は，電荷を蓄える働きを持つので**平行板蓄電器(キャパシター)**と呼ばれる．

電場と仕事

これまでどおり，電場は時間的に変わらないとする．電場中の電荷には力が働くから，電場中で電荷を移動させるには仕事が要る．仕事を移動の道筋に沿う線積分で定めよう．この仕事が，移動の道筋によらず，場所だ

けで決まる「場」となるために電場が満たすべき条件はなんだろう．

　電場の中で，電荷を出発点 r_0 から道筋 P に沿って終点 r まで運ぶための仕事を求めよう．道筋のある場所 r' で，探り電荷 q には電場から力 $f_q(r') = qE(r')$ が働くから，P に沿って電荷が微小変位 $r' \to r' + dr'$ すれば，電場のする「仕事」＝「力×変位の力方向成分」は，

$$dW_q = f_q \cdot dr' = qE(r') \cdot dr'$$

である．ここに現れる $f_q \cdot dr'$, $E(r') \cdot dr$ は，(3.11a)で定義した内積 $a \cdot b = ab\cos\theta_{ab}$ である．この微小仕事を，道筋 P に沿って終点 r まで加えれば，電場がする仕事 $W_q(\mathrm{P}_{r_0 \to r})$ は，積分で次のように与えられる（図 4.6）．

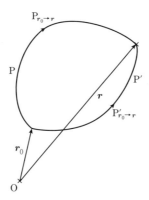

図4.6 電場のする仕事と移動の道筋．(a)道筋 P と P′, (b)線積分が道筋によらないとき．合成の閉曲線 $\mathrm{C} = \mathrm{P}_{r_0 \to r} + \mathrm{P}'_{r \to r_0}$

$$W_q(\mathrm{P}_{r_0 \to r}) = \int_{\mathrm{P}:r_0}^{r} dW_q = \int_{\mathrm{P}:r_0}^{r} qE(r') \cdot dr' \quad (4.1\mathrm{a})$$

ここに現れる積分を，曲線 P に沿う**線積分**と呼ぶ．

　逆に，手で探り電荷を動かせば，手にかかる力は $-f_q(r') = -qE(r')$ だから，手のする仕事（U_q と書く）は，電場がする仕事の逆符号となって，$U_q(\mathrm{P}_{r_0 \to r}) = -W_q(\mathrm{P}_{r_0 \to r})$ である．あるいは，(4.1a)で道筋を逆にた

どった線積分となる.

$$U_q(\mathrm{P}_{r_0\to r}) = -\int_{\mathrm{P}:r_0}^{r} q\bm{E}(\bm{r}')\cdot d\bm{r}' = \int_{\mathrm{P}:r}^{r_0} q\bm{E}(\bm{r}')\cdot d\bm{r}'$$
$$= U_q(\mathrm{P}_{r\to r_0}) \tag{4.1b}$$

ここに, $U_q(\mathrm{P}_{r\to r_0})$ は, 道筋 P に沿って, 探り電荷を点 $\bm{r}$ から基準点 $\bm{r}_0$ に移動させるときに手がする仕事であり, 電場がこの間に受け取るエネルギーとみなせる. 以後, (4.1b)の U_q を電場のされる仕事と呼ぶ.

仕事は道筋によるか

電場のする仕事を(4.1a)で定めた. では仕事は, 道筋によるのだろうか. 実は, 道筋によるとすると, エネルギー保存則が破れてしまう. このことを示そう.

いま, 図 4.6 の 2 つの道筋での仕事が異なったとしよう. $W_q(\mathrm{P}) \neq W_q(\mathrm{P}')$. 道筋による仕事には, 差 $\Delta W_q = W_q(\mathrm{P}) - W_q(\mathrm{P}') \neq 0$ が生ずる. それぞれの仕事を, 線積分(4.1a)で表わし, 道筋 P′ の前の負符号を積分の両端を入れ替えて吸収すれば(道筋を逆にたどれば仕事も逆符号になることに注意),

$$\Delta W_q = \int_{\mathrm{P}:r_0}^{r} q\bm{E}(\bm{r}')\cdot d\bm{r}' + \int_{\mathrm{P}':r}^{r_0} q\bm{E}(\bm{r}')\cdot d\bm{r}' = \oint_{\mathrm{C}} q\bm{E}(\bm{r}')\cdot d\bm{r}' \tag{4.2a}$$

ここに, C は道筋 P を $\bm{r}_0 \to \bm{r}$ とたどってから, 道筋 P′ を逆に $\bm{r} \to \bm{r}_0$ と元に戻る合成の閉曲線 $\mathrm{C} = \mathrm{P}_{r_0\to r} + \mathrm{P}'_{r\to r_0}$ で, $\oint_{\mathrm{C}}$ はこの周回路に沿う積分を表わす(周回するので, 始点と終点を指定しなくてよい). この周回積分(**循環**と呼ぶ)は, 一周するときに電場がする仕事に等しい. そこで仮に $W_q(\mathrm{P}) > W_q(\mathrm{P}')$ とすれば, $\Delta W_q > 0$ であり, C を一周回ると電場はエネルギーを失う. 続けて何周もすれば, 電場はエネルギーをいくらでも消耗することになる[*3]. これはエネルギーの保存則に反する. したがっ

[*3] もし $W_q(\mathrm{P}) < W_q(\mathrm{P}')$ なら電場はエネルギーを得る. いずれの場合にも, 電場と探り電荷の間にエネルギーの出入りがあることになってしまう.

て，$\Delta W_q = 0$，すなわち循環(4.2a)はゼロでなければならない．

$$\oint_C \boldsymbol{E}(\boldsymbol{r}')\cdot d\boldsymbol{r}' = 0 \qquad (4.2b)$$

ところで，仕事を考えた道筋は，いずれも任意であったから，循環(4.2b)は，場の中の任意の閉曲線についてゼロでなければならない．

> 電場のする仕事が道筋によらない条件は，任意の閉曲線に沿う仕事(循環)がゼロになることである．

電場のする仕事は道筋によらず，場所だけで決まることがわかったから，仕事＝エネルギーより，電気的位置エネルギーの場が定義できる．一般にエネルギー保存則を保証する力を**保存力**，保存力がつくる場を**保存力場**という．クーロン力や万有引力が，代表的な保存力である．保存力場のする仕事は，場所のみで決まり，道筋によらない．

静電場は渦なし

電場のする仕事が，道筋によらないこと，その条件が電場の循環が消えること，つまり(4.2b)であることを見た．この結果を，もっと直接的に場自身に対する条件に書きなおせないだろうか．それには，ポイント3で数学のガウスの定理を用い，閉曲面を貫く電束を，電場に微分操作を施した発散(div)という量の体積積分に書き換えたことを思い出そう(ポイント3の式(3.10e)参照)．

ここでは，**ストークスの定理**という数学の定理を用い，閉曲線に沿うベクトル場の線積分(循環)を，回転という微分操作を場に施した量の「面積分」に書き換える．いま閉曲線をCとし，Cを縁とする曲面をS_Cとおくとき，ベクトル場$\boldsymbol{A}$に対し，ストークスの定理が成り立つ(証明は付録参照)．

$$\oint_C \boldsymbol{A}(\boldsymbol{r})\cdot d\boldsymbol{r} = \int_{S_C} \mathrm{rot}\,\boldsymbol{A}\cdot d\boldsymbol{S} \qquad (4.3)$$

ここに, $d\boldsymbol{S}$ は「面素ベクトル」と呼ばれ, 大きさは面積 dS に等しく, 方向は閉曲線 C を回る向きに右ネジを回すときの, ネジの進行方向に取るものと約束しよう. また $\mathrm{rot}\,\boldsymbol{A}$ は, ベクトル場に対する微分演算で, デカルト座標では,

$$\mathrm{rot}\,\boldsymbol{A} = \left(\frac{\partial A_z}{\partial y} - \frac{\partial A_y}{\partial z},\ \frac{\partial A_x}{\partial z} - \frac{\partial A_z}{\partial x},\ \frac{\partial A_y}{\partial x} - \frac{\partial A_x}{\partial y}\right) \quad (4.4\mathrm{a})$$

と表わされ, **回転**(rotation)と呼ばれる. rot は div と異なりベクトルである. 幾何学的には, ある点 $\boldsymbol{r}$ での回転 $\mathrm{rot}\,\boldsymbol{A}(\boldsymbol{r})$ は, その点の周りの微小な閉曲線 $\Delta\mathrm{C}$ での $\boldsymbol{A}$ の循環を, $\Delta\mathrm{C}$ を縁とする曲面 $\Delta\mathrm{S}$ の面積 ΔS で割った量の極限で定義される. 発散 $\mathrm{div}\,\boldsymbol{A}$ を定義した式(3.12b)を思い出そう.

$$\lim_{\Delta S \to 0} \frac{\oint_{\Delta\mathrm{C}} \boldsymbol{A}(\boldsymbol{r}) \cdot d\boldsymbol{r}}{\Delta S} = \widehat{\boldsymbol{n}} \cdot \mathrm{rot}\,\boldsymbol{A}(\boldsymbol{r}) \quad (4.4\mathrm{b})$$

ここに $\widehat{\boldsymbol{n}}$ は, $\Delta\mathrm{C}$ を回る向きに右ネジを回すときの, ネジの進行方向ベクトルであり, 面素ベクトル $\Delta\boldsymbol{S} = \Delta S\widehat{\boldsymbol{n}}$ の方向を表わす. これらより, $\mathrm{rot}\,\boldsymbol{A}(\boldsymbol{r}) \neq 0$ なら, ベクトル場 $\boldsymbol{A}$ は, 点 $\boldsymbol{r}$ の周りに対称でない構造を持つことがわかる. 例題で回転の意味を探ろう.

例題 4.7

以下の場を図示し, それぞれの回転を(4.4a)から計算せよ. 求めた回転が直感的にわかるような閉曲線を, それぞれの場の図中に示し, その循環から(4.4b)を求めて, (4.4a)の結果と比べよ.
 (a) 場:$\boldsymbol{A} = f(r)\widehat{\boldsymbol{r}}$, $\boldsymbol{r} = (x, y, z)$, $r = \sqrt{x^2 + y^2 + z^2}$.
 (b) 場:$\boldsymbol{v}(\boldsymbol{r}) = (-\omega y/2, \omega x/2, 0)$, $\omega > 0$. ここに ω は, 長さ/時間の次元を持つ量である(SI 単位系では m/s).

[解] (a)は放射状の場, (b)は渦状の場を表わす. 図 4.7 に順に示す.
 (a) $\mathrm{rot}\,\boldsymbol{A} = (0, 0, 0)$. 原点中心の同心円をとれば, $\boldsymbol{A}$ は動径に沿うから循環はゼロだから, (4.4a)も(4.4b)も同じ結果となる.

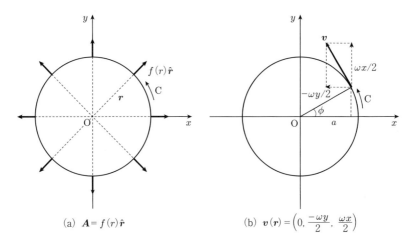

図 4.7 回転 rot の意味と rot のあるなし．(a)放射状：$\boldsymbol{A} = f(r)\hat{\boldsymbol{r}}$，(b)渦状：$\boldsymbol{v}(\boldsymbol{r}) = (-\omega y/2, \omega x/2, 0)$

(b) rot $\boldsymbol{v} = (0, 0, -\omega) = -\omega\hat{\boldsymbol{z}}$．$z$ 軸周りの反時計回りの渦で，$\boldsymbol{v}$ は渦の速度場，ω は回転角速度とみなされる．循環の閉曲線として，xy 平面上に原点中心の同心円をとればよい．円の半径を a，x 軸となす角を ϕ と置くと，速度場の大きさは $|\boldsymbol{v}| = \frac{1}{2}\omega\sqrt{(x^2+y^2)} = \frac{1}{2}\omega a$ ゆえ，循環は

$$\oint \boldsymbol{v} \cdot d\boldsymbol{r} = \int_0^{2\pi} a d\phi |\boldsymbol{v}| = \pi a^2 \omega.$$

循環の向きに回るとき円の法線は $-\hat{\boldsymbol{z}}$ 方向ゆえ，面積で割れば(4.4b)→ $\frac{\pi a^2 \omega}{\pi a^2} = \omega = (\text{rot } \boldsymbol{v}) \cdot (-\hat{\boldsymbol{z}})$ で(4.4a)の結果に一致する．∎

例題 4.7(a)の放射状の場は，クーロン力や万有引力に現れる中心力の場でおなじみであり，場は動径に沿うから，回転はない．例題 4.7(b)は，流れの中の渦を表わし，回転を持つ．

もう一つ，後で参考になる場の回転の例をあげよう．考えるベクトル場 $\boldsymbol{C}$ は，z 軸の周りに軸対称であるとし，軸に平行でかつ軸方向の平行移動に依存しないとする．すなわち場は，z 成分のみで，しかも z にはよら

ず，軸対称性から軸からの距離 ρ のみの関数である．$\boldsymbol{A} = (0, 0, A_z(\rho))$．
いま，z 軸に垂直な平面を xy 面とし，軸との交点を原点にとろう．動径 ρ が x 軸となす角（偏角）を ϕ と置けば，位置ベクトルは $\boldsymbol{r} = (x, y, z) = (\rho\cos\phi, \rho\sin\phi, z)$ と表わせる．この座標系（**円柱座標**）の変数は，デカルト座標によって $\rho = \sqrt{x^2 + y^2}$, $\tan\phi = y/x$ と表わすことができる．動径方向の方向ベクトルは，動径の長さを $\rho = 1$ と置いて $\hat{\boldsymbol{\rho}} = (\cos\phi, \sin\phi, 0)$，偏角方向の方向ベクトルは，動径に垂直だから $\hat{\boldsymbol{\phi}} = (-\sin\phi, \cos\phi, 0)$ である（図 4.8(a)）．

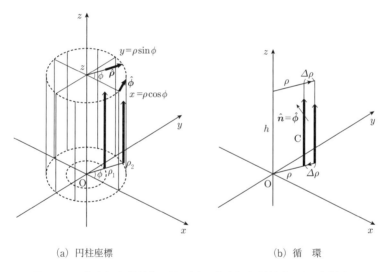

(a) 円柱座標　　　　　　　　(b) 循　環

図 4.8　円柱座標と軸対称な場．(a)円柱座標と軸対称な場，(b)循環

準備が済んだので，場 $\boldsymbol{A} = (0, 0, A_z(\rho))$ の回転を例題で求めよう．

例題 4.8

(1) (4.4a)より，$\mathrm{rot}\boldsymbol{A} = \left(\dfrac{\partial}{\partial y}A_z, -\dfrac{\partial}{\partial x}A_z, 0\right)$ を示せ．

(2) $\dfrac{\partial}{\partial x} = \cos\phi\dfrac{\partial}{\partial \rho} - \sin\phi\dfrac{\partial}{\partial \phi}$, $\dfrac{\partial}{\partial y} = \sin\phi\dfrac{\partial}{\partial \rho} + \cos\phi\dfrac{\partial}{\partial \phi}$ を示せ．

(3) $\mathrm{rot}\,\boldsymbol{A} = -\dfrac{dA_z(\rho)}{d\rho}\widehat{\boldsymbol{\phi}}$ を示せ.

(4) 回転を求めるための閉曲線を図示し，その循環から(4.4b)を求め，(3)の結果と比べよ.

[解] (1) $\boldsymbol{A}$ は，z 成分のみだから，(4.4a)で残るのは，x 成分の第 1 項の y 微分と，y 成分の第 2 項の x 微分だけとなる.

(2) $x = \rho\cos\phi$ より $\dfrac{\partial}{\partial x} = \dfrac{\partial x}{\partial \rho}\dfrac{\partial}{\partial \rho} + \dfrac{\partial x}{\partial \phi}\dfrac{\partial}{\partial \phi} = \cos\phi\dfrac{\partial}{\partial \rho} - \sin\phi\dfrac{\partial}{\partial \phi}$,

$y = \rho\sin\phi$ より $\dfrac{\partial}{\partial y} = \dfrac{\partial y}{\partial \rho}\dfrac{\partial}{\partial \rho} + \dfrac{\partial y}{\partial \phi}\dfrac{\partial}{\partial \phi} = \sin\phi\dfrac{\partial}{\partial \rho} + \cos\phi\dfrac{\partial}{\partial \phi}$,

(3) 上の結果から,

$$\mathrm{rot}\,\boldsymbol{A} = \left(\dfrac{\partial}{\partial y}A_z, -\dfrac{\partial}{\partial x}A_z, 0\right)$$
$$= \left(\sin\phi\dfrac{dA_z(\rho)}{d\rho}, -\cos\phi\dfrac{dA_z(\rho)}{d\rho}, 0\right) = -\dfrac{dA_z(\rho)}{d\rho}\widehat{\boldsymbol{\phi}}.$$

回転は，場の z 成分が動径によって変わるために生じ，z 軸を取巻く渦状になる.

(4) $z = 0$ の動径 ρ と $z = h$ の動径 $\rho + \Delta\rho$ ではさまれた高さ h，幅 $\Delta\rho$ の長方形を，$z = 0$ から ρ の辺を $z = h$ まで上がり，動径に沿って $\rho + \Delta\rho$ まで移ってから $z = 0$ まで下がり元に戻る道をとる(図 4.8(b)). 循環は，$A_z(\rho)h - A_z(\rho + \Delta\rho)h = -h\Delta\rho\dfrac{dA_z(\rho)}{d\rho}$ であり，循環面の法線は $\widehat{\boldsymbol{\phi}}$ 方向にあるから(4.4b)は,

$$\lim_{\Delta S = h\Delta\rho \to 0} \dfrac{-h\Delta\rho\dfrac{dA_z(\rho)}{d\rho}}{h\Delta\rho} = -\dfrac{dA_z(\rho)}{d\rho} = \mathrm{rot}\,\boldsymbol{A}\cdot\widehat{\boldsymbol{\phi}}$$

となり，したがって

$$\mathrm{rot}\,\boldsymbol{A} = -\dfrac{dA_z(\rho)}{d\rho}\widehat{\boldsymbol{\phi}}.$$

設問(3)の結果と同じ.

場に回転があるかどうかを例で見たから，電場の仕事が道筋によらない

条件(4.2b)の周回積分にストークスの定理を適用しよう.

$$\oint_{\mathrm{C}} \boldsymbol{E}(\boldsymbol{r}')\cdot d\boldsymbol{r}' = \int_{\mathrm{S_C}} \mathrm{rot}\boldsymbol{E}\cdot d\boldsymbol{S} = 0 \qquad (4.2\mathrm{c})$$

閉曲線 C は任意であり,曲面 S_C も C を縁とする限り任意だから,(4.2c) の面積分がゼロであるための条件は,場の各点で

$$\mathrm{rot}\,\boldsymbol{E} = 0 \qquad (4.2\mathrm{d})$$

すなわち,仕事が場所だけで決まるための条件は,**静電場は渦なし(回転がゼロ)**であることである.渦なしは,静電場の基本的性質なのである.

前項で電場のする仕事が,位置だけで決まる条件を求めた.このとき仕事に対応するエネルギーは,場所だけによるから,やはり場となる.

電気的ポテンシャル——電位

そこで,保存力場としてすでにおなじみの重力場の復習をしよう.いま,鉛直上向きに z 軸を取り,地表をその原点に取ろう.重力加速度を g とおけば,重力(地球)が質量 m の物体に作用する力は,$f_\mathrm{g} = -mg$ であるから,物体を地表から高さ z 移動させるとき,移動の道筋によらず,重力(地球)のする仕事は $W = -mgz$ である.重力場はこのエネルギーを失う.逆に重力場は,物体の移動に伴って,$-W = mgz = U$ の仕事をされ,物体はこの分のエネルギーを獲得する.

高さ z の位置にいる物体は,このエネルギーを持つと考えられるので,U を重力場中で物体が持つ**位置エネルギー**と呼ぶ.ダムの水などの高いところにある物体は,高さを変えれば,潜在的に高さの差に対応する仕事をする能力を持つから,位置エネルギーはまた**ポテンシャルエネルギー**[*4]とも呼ばれる.ポテンシャルエネルギーは,位置で決まるスカラー場である.

逆にポテンシャルエネルギーから重力を求めるには,ポテンシャルエネ

[*4] ポテンシャル(potential)は,潜在的な能力を意味する.

ルギーの高さについての勾配の負符号を取ればよい．

$$-\lim_{\Delta z \to 0} \frac{U(z+\Delta z)-U(z)}{\Delta z} = -\frac{dU}{dz} = -mg = f_g$$

まとめると，ポテンシャルと力の関係は以下のようである．
(1) 重力場がなされる仕事から，ポテンシャルエネルギーを定める．
(2) 求めたポテンシャルエネルギーの勾配の負符号から重力が導かれる．

電場のする仕事 $W_q(\boldsymbol{r})$ (4.1a) も，道筋によらず位置だけで決まるエネルギーを与えたから，重力場のときにならって，電気的位置エネルギーを導入しよう．電場がされる仕事を $U_q(\boldsymbol{r})$ とする．これは，電荷を電気力に逆らって動かす仕事だから，W_q とは力の符号が逆になり，U_q は式(4.1b)の逆符号で与えられる．$U_q(\boldsymbol{r}) = -W_q(\boldsymbol{r})$．電場の線積分は道筋によらないから，上限，下限だけを指定して，

$$U_q(\boldsymbol{r}) = -\int_{\boldsymbol{r}_0}^{\boldsymbol{r}} q\boldsymbol{E}(\boldsymbol{r}')\cdot d\boldsymbol{r}' \tag{4.5}$$

ここに，$U_q(\boldsymbol{r})$ は，探り電荷 q を基準点 $\boldsymbol{r}_0$ から点 $\boldsymbol{r}$ に移動させるときに手がする仕事であり，電場がこの間に受け取る電気的エネルギーとみなせる．あるいは，探り電荷が持つ電気的位置エネルギーと考えてもよい．

前に電気力から電荷によらない電場を定めたように，電気的位置エネルギー $U_q(\boldsymbol{r})$ を電荷量 q で割れば，電荷によらない電気的位置エネルギーの場 $V(\boldsymbol{r})$ を定義できる．場 $V(\boldsymbol{r})$ を**静電ポテンシャル**または**電位**と呼ぶ．

$$V(\boldsymbol{r}) = \frac{U_q(\boldsymbol{r})}{q} = -\int_{\boldsymbol{r}_0}^{\boldsymbol{r}} \boldsymbol{E}(\boldsymbol{r}')\cdot d\boldsymbol{r}', \qquad U_q(\boldsymbol{r}) = qV(\boldsymbol{r}) \tag{4.6}$$

電位は，もともとエネルギーに由来するから基準点を定めないと決まらない．電場を扱うときは，無限遠方には電場が及ばないとみなせるので，基準を無限遠にすることが多い．もちろん，電位の差(たとえば異なる位置での)には意味がある．**電位差**を，電池や電気回路では**電圧**と呼ぶのが普通である．電圧，したがって電位の SI 単位は，後で出る電池の発明者

ボルタ (A. Volta) にちなんでボルト (Volt) V である．例題で電位になれ
よう．

---- 例題 4.9 ----

(1) 電場の大きさの単位が，Vm^{-1} とも書けることを示せ．な
お，「クーロン(C)×ボルト(V)」=「ジュール(J)」→ CV = J
である．

(2) 探り電荷 q を電場の中で，ある位置から電位差 ΔV の場所に
移動させた．必要な仕事 ΔU_q を求め，$q = 1\,\mathrm{C}$, $\Delta V = 1.5\,\mathrm{V}$ の
ときの値を出せ．また電荷が $q = -2\,\mathrm{C}$ のときの仕事を求め正
電荷の場合と比べよ．

[解] (1) 電位の単位は，(4.6)より「電位」=「エネルギー÷電荷」=「力
×距離÷電荷」= V．一方，電場の単位は「力÷電荷」だから，両者を比
べて，「電位」=「エネルギー÷電荷」=「電場×距離」となり，電場の単
位は「電場」=「電位÷距離」= Vm^{-1} = NC^{-1}．

(2) 定義より，電位に電荷を乗ずれば手のする仕事になるから $\Delta U_q = q\Delta V$．電荷が $q = 1\,\mathrm{C}$ のとき，移動に要する仕事は，$\Delta U_q = 1\,\mathrm{C} \times 1.5\,\mathrm{V} = 1.5\,\mathrm{J}$．電荷が $q = -2\,\mathrm{C}$ のときは，$\Delta U_q = -3\,\mathrm{J}$ となって，仕事は負とな
る．正電荷を電位の高いところに移動させるには仕事が要るが，負電荷の
ときは，逆に電場に仕事をされる．

質量で決まる重力の位置エネルギーと違って，電荷の電気的位置エネル
ギーは電荷の符号の違いで正負逆になるから，電位や電位差から電気的位
置エネルギー，あるいは仕事を求める際は，考える電荷の符号に注意しよ
う．例題から，電位が高いところへの移動では，電荷が正なら仕事が要る
が，負なら仕事をされることに注意しよう．

電位から電場を出す

重力場のときにならって，電位(静電ポテンシャル)から電場を求めよ
う．定義(4.6)で，微小変位 $\boldsymbol{r} \to \boldsymbol{r} + d\boldsymbol{r}$ に対する電位変化を考える．積

分範囲を $-\int_{r_0}^{r+dr} + \int_{r_0}^{r} = -\int_{r}^{r+dr}$ とまとめれば,

$$V(r+dr) - V(r) = -\int_{r}^{r+dr} E(r') \cdot dr' \qquad (4.7\text{a})$$

左辺を書き換えると,

$$\begin{aligned}
V(r+dr) &- V(r) \\
&= \{V(x+dx, y+dy, z+dz) - V(x, y+dy, z+dz)\} \\
&\quad + \{V(x, y+dy, z+dz) - V(x, y, z+dz)\} \\
&\quad + \{V(x, y, z+dz) - V(x, y, z)\}
\end{aligned}$$

偏微分の定義から,dx が微小なら,

$$F(x+dx, y, z) - F(x, y, z) = dx \frac{\partial F}{\partial x}$$

と展開できるから,上のおのおののカッコ内を対応する偏微分で展開してまとめると,

$$\begin{aligned}
V(r+dr) - V(r) &= dx \frac{\partial}{\partial x} V + dy \frac{\partial}{\partial y} V + dz \frac{\partial}{\partial z} V \\
&= dr \cdot \frac{\partial}{\partial r} V(r) = dr \cdot \operatorname{grad} V \qquad (4.7\text{b})
\end{aligned}$$

ここに,

$$\operatorname{grad} = \frac{\partial}{\partial r} = \left(\frac{\partial}{\partial x}, \frac{\partial}{\partial y}, \frac{\partial}{\partial z} \right)$$

は微分演算子でグラディエント(gradient)と読み,スカラー場の**勾配**を表わす.

　一方,(4.7a)の右辺は,微小な積分範囲における被積分関数の変化を無視すれば,

$$-\int_{r}^{r+dr} E(r) \cdot dr = -dr \cdot E(r) \qquad (4.7\text{c})$$

と表わされる.こうして,(4.7b)と(4.7c)を(4.7a)に戻せば,**電場は電位の勾配の負符号で与えられる**.

$$\boldsymbol{E} = \left(-\frac{\partial}{\partial x}V, -\frac{\partial}{\partial y}V, -\frac{\partial}{\partial z}V\right) = -\mathrm{grad}\, V \tag{4.8}$$

これが求める静電場と電位の関係である．

式の扱いが多くなったので，電場を電気力線で描いたように，電位も図で表わす工夫をしよう．電位は位置エネルギーとして導入したから，地図にならって，高低を表わす等高線にあたる等電位面(線)を考える．この類推は，等高線が密な場所では，勾配が急で重力の斜面に沿う成分も大きいから，電位と電場の関係をうまく反映するに違いない．電場と等電位面の幾何学的関係を例題で考えよう．

例題 4.10

電場(電気力線)は等電位面と直交することを示そう．［ヒント］等電位面上の 2 点間の電場はゼロ．

[解] ある点 P での電場は，点 P を通る電気力線の接線方向を向く．点 P が乗っている等電位面上の近くに任意の別の点 P′ を取ろう（図 4.9）．点 P′ から P に向かう勾配を考えると，両点の電位は等しいから，式(4.6)より電場の等電位面に沿う成分はゼロ．つまり，電場は等電位面に直交する．

電場，電位，電気的位置エネルギーの意味を例題で実感しよう．

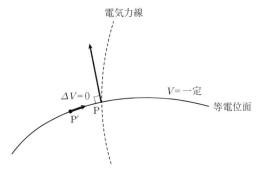

図 4.9　電場と等電位面

― 例題 4.11 ―

一方向を向き，大きさが一定な電場がある．

(1) 電場を x の正方向にとり，大きさを $E = 2\,\mathrm{Vm}^{-1}$ として，式で表わせ．

(2) 電位を x の関数として求めよ．電位の基準点を座標の原点とせよ．

(3) 原点から x の正方向に $2\,\mathrm{m}$ 離れた点 P に，$1\,\mathrm{C}$ の電荷を置く．電位と，電荷の電気的位置エネルギーおよび力の大きさと方向を求めよ．P 点に $-3\,\mathrm{C}$ の電荷を置いたときはどうか．

(4) $1\,\mathrm{C}$ の電荷を設問(3)の点 P から $x = 3\,\mathrm{m}$ の点に移動させるために必要な仕事を求めよ．同様にして，y および z 方向にそれぞれ $3\,\mathrm{m}$ 移動させるのに必要な仕事を求めよ．

(5) $-3\,\mathrm{C}$ の自由に動きうる荷電粒子を原点に置いて静かに放した．粒子の質量を $3\,\mathrm{kg}$ とするとき，放してから $3\,\mathrm{s}$ 後の速度と位置を求めよ．

[解] (1) $\boldsymbol{E} = E\hat{\boldsymbol{x}} = 2\hat{\boldsymbol{x}}\;(\mathrm{Vm}^{-1})$

(2) 電位は，(4.6) より

$$V(\boldsymbol{r}) = -\int_0^r E\hat{\boldsymbol{x}}' \cdot d\boldsymbol{r}' = -E\int_0^x dx' = -2x\;(\mathrm{V})$$

となって，傾き(勾配)の負符号が電場を与える．等電位面は，$x = $ 一定の面(yz 面)であり，確かに電場と直交する．

(3) 設問(2)の答から，P 点での電位は $V(x=2) = -2 \times 2\,\mathrm{V} = -4\,\mathrm{V}$. $1\,\mathrm{C}$ 電荷の位置エネルギーは $U_{1\mathrm{C}} = 1\,\mathrm{C} \times (-4)\,\mathrm{V} = -4\,\mathrm{J}$. 場からの力は $1 \times 2\,\mathrm{CVm}^{-1} = 2\,\mathrm{N}$ で，x の正方向．同様に $-3\,\mathrm{C}$ の電荷の位置エネルギーは $U_{-3\mathrm{C}} = (-3)\,\mathrm{C} \times (-4)\,\mathrm{V} = 12\,\mathrm{J}$. 力は $-6\,\mathrm{N}$ で x の負方向に働く．電場方向に負電荷を移動させるためには，仕事をしなくてはならない．

(4) 電場の大きさは場所によらず一定だから設問(3)より $1\,\mathrm{C}$ の電荷に

かかる電気力は，2N で，移動距離は $\Delta x = (3-2)\,\mathrm{m} = 1\,\mathrm{m}$ だから電場のする仕事は 2J．電場は，y, z 軸に垂直だから，これらの方向の移動には仕事は伴わない．

(5) 設問(3)の答から $-3\,\mathrm{C}$ の電荷には，x の負方向に 6N の力が働く．これより x 方向の加速度は，$a_x = \dfrac{-6\,\mathrm{N}}{3\,\mathrm{kg}} = -2\,\mathrm{ms}^{-2}$．離してからの時間を $t\,\mathrm{s}$ とすると，速度は $v_x = a_x t = -2t\,(\mathrm{ms}^{-1})$，位置は $x = \dfrac{1}{2} a_x t^2 = -t^2\,(\mathrm{m})$．$t = 3\,\mathrm{s}$ のとき $v_x = -6\,(\mathrm{ms}^{-1})$，$x = -9\,(\mathrm{m})$．

付録（ストークスの定理）

ストークスの定理を示そう．図 4.10 のように曲面 S を微小部分に分割し，ある分割面 ΔS の縁を ΔC とする．この分割面と縁の xy 面への射影を $\Delta \boldsymbol{S}_z = \hat{\boldsymbol{z}} \Delta S_z$，$\Delta C_z$ とし，ΔC_z に沿う線積分を C と同じ向きにとる．図の微小な長方形で，x 方向と y 方向の互いに向かい合う辺での積分をまとめれば，

$$\oint_{\Delta C_z} \boldsymbol{A} \cdot d\boldsymbol{r} = \int_x^{x+\Delta x} (A_x(x,y,z) - A_x(x, y+\Delta y, z))dx$$
$$+ \int_y^{y+\Delta y} (A_y(x+\Delta x, y, z) - A_y(x, y, z))dy$$
$$\approx \Delta x \Delta y \left(-\frac{\partial A_x}{\partial y} + \frac{\partial A_y}{\partial x} \right)$$
$$= \int_{\Delta S_z} \left(\frac{\partial A_y}{\partial x} - \frac{\partial A_x}{\partial y} \right) dS_z = \int_{\Delta S_z} (\mathrm{rot}\boldsymbol{A})_z dS_z$$

となって，ΔC_z に沿う線積分が ΔS_z 面の面積分に変わった．同様の射影を xy 面について行なって，辺々加えれば，

$$\oint_{\Delta C} \boldsymbol{A} \cdot d\boldsymbol{r} = \int_{\Delta S} (\mathrm{rot}\boldsymbol{A}) d\boldsymbol{S}$$

が得られる．さらに，各分割について上の結果の両辺の和をとると，左辺については，隣り合う分割で共通な縁の線積分は逆方向にとるから消え，もとの縁 C の線積分が残り，右辺は全体の曲面 S についての面積分を与えるから，ストークスの定理が導かれる．

76──ポイント4 ◉ ガウスの法則から電場を求める

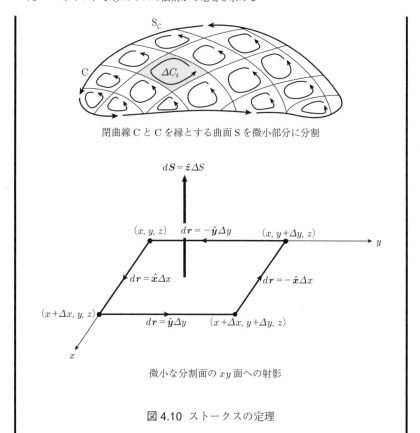

閉曲線 C と C を縁とする曲面 S を微小部分に分割

微小な分割面の xy 面への射影

図 4.10 ストークスの定理

電荷分布から電位へ

　静電場の基本である点電荷のクーロン場による仕事から電位を求めると，クーロンポテンシャルがでる．電荷が複数分布する場合の電位は，クーロンポテンシャルを重ね合わせることにより求められる．
　そこで，電荷分布の対称性に注目して，簡単な場合の電荷が分布する系の電位を求めよう．電荷が連続的に分布するときは，とびとびの分布からの連続極限をとることにより，電位が電荷密度の積分として得られる．この ポイント で電磁気学の理解をさらに深めよう．

電荷分布から電位へ

電位のイメージを直感的につかむために，**ポイント**3であげた対称性の良い電荷分布の電場に対する電位を求める．

電場の基本は点電荷の電場であり，任意の電荷による電場は，点電荷の電場の重ね合わせで求められた．そこでまず，点電荷の電位からはじめよう．

例題 5.1

式(4.6)の線積分を実行して，以下の電場の電位を求め，図示しよう．ただし，基準点(出発点)は無限遠とする．
(1) 原点に置かれた電荷 Q の点電荷による電位．
(2) 電荷 Q が一様に分布した半径(a)の球面による電位(例題4.2)．

[解] 両方の電場は，ともに動径に沿うから，線積分は，動径に沿って行ない，$\boldsymbol{r}\cdot d\boldsymbol{r} = rdr$ とすればよい．

(1) 点電荷の電場は(3.4)で与えられるから，

$$V(\boldsymbol{r}) = \int_r^\infty \frac{Q}{4\pi\varepsilon_0 r^2} dr = \frac{Q}{4\pi\varepsilon_0 r}. \tag{5.1}$$

点電荷の電位(5.1)はとくに**クーロンポテンシャル**と呼ばれ(図 5.1(a))，万有引力ポテンシャルと同様，距離に反比例する．

(2) 一様な帯電球面の電場は，例題4.2から，外部$(r \geq a)$では点電荷と同じだから，電位も外部ではクーロンポテンシャル(5.1)で与えられる．一方，球内部$(r < a)$では電場はゼロだから，電位は一定である．電場は，球面 $r = a$ で不連続となるが，電位は連続でなければならない[*1]（**接続条件**）から，内部での電位は球面での値 $V = V(a) = Q/(4\pi\varepsilon_0 a)$ をとり一定である．電位の様子は図 5.1(a)の点線部分．

[*1] 電位は電気的エネルギーに等価だから，エネルギー保存則に従うので，電位はいたるところ連続でなければならない．

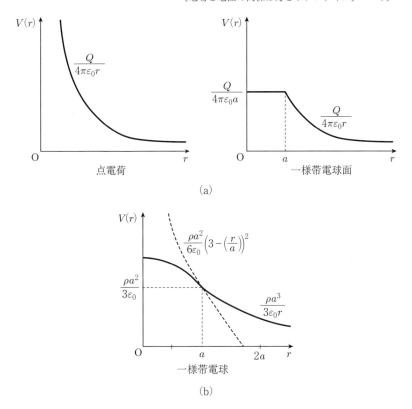

図5.1 点電荷と一様帯電球の電位．(a)点電荷：クーロンポテンシャル(点線は一様帯電球面の電位)，(b)一様帯電球

点電荷の重ね合わせの最初の例として，電気双極子(正負電荷対)の電位を求めてみよう．

--- 例題 5.2 ---
例題3.7の電気双極子の電位を求めよう．遠方での電位はどうなるか．

[解] 点電荷の電位(5.1)を $\pm Q$ の電荷対について重ね合わせると，

$$V(\boldsymbol{r}) = \frac{-Q}{4\pi\varepsilon_0\sqrt{\left(x+\frac{1}{2}d\right)^2+y^2}} + \frac{Q}{4\pi\varepsilon_0\sqrt{\left(x-\frac{1}{2}d\right)^2+y^2}}.$$

遠方($\sqrt{x^2+y^2}=r \gg d$)では，ポイント3で示したように同様に分母を展開して，

$$V(\boldsymbol{r}) \approx \frac{(Qd)x}{4\pi\varepsilon_0 r^3} = \frac{\boldsymbol{p}\cdot\hat{\boldsymbol{r}}}{4\pi\varepsilon_0 r^2} \quad (\boldsymbol{p}=Q\boldsymbol{d},\ \boldsymbol{d}=(1,0,0)) \quad (5.2)$$

得られた結果(5.2)を(4.8)に代入して grad を計算すれば，例題3.7で求めた，電気双極子の電場(3.6)が出る(各自やってみよう).

例題5.1に現れた接続条件が有効な例をもう一つ挙げよう．

---- **例題 5.3** ----

一様な電荷密度 ρ (C m^{-3})に帯電した半径 a(m)の球による電場(例題4.3)の電位を求め図示しよう．[ヒント] 帯電球の中心の電位を V_0 と置き，$r=a$ での接続条件から V_0 を決めよ．

[解] 例題4.3 より，帯電球の外部($r>a$)では，帯電球の全電荷 $Q = \frac{4\pi}{3}a^3\rho$ を原点に置いたときの点電荷の電場と同じだから，

$$V_{外}(\boldsymbol{r}) = \frac{Q}{4\pi\varepsilon_0 r} = \frac{\rho a^3}{3\varepsilon_0 r}$$

一方，帯電球の内部($r \leqq a$)でも電場は動径方向で，大きさは $E(r) = \frac{\rho r}{3\varepsilon_0}$ だから，動径に沿う線積分を行なえば，

$$V_{内}(\boldsymbol{r}) = V_0 + \int_r^0 \frac{\rho r}{3\varepsilon_0}dr = V_0 + \frac{\rho r^2}{6\varepsilon_0}\Big|_r^0$$
$$= V_0 - \frac{\rho r^2}{6\varepsilon_0} = V_0 - \frac{Q}{8\pi\varepsilon_0}\frac{r^2}{a^3}$$

外部の電位と $r=a$ でつながる接続条件から，

$$V_{内}(a) = V_{外}(a) \quad \longrightarrow \quad V_0 = \frac{3Q}{8\pi\varepsilon_0 a} = \frac{\rho a^2}{2\varepsilon_0}.$$

これより内部の電位は，

$$V_{\text{内}}(\bm{r}) = \frac{Q}{8\pi\varepsilon_0 a}\left\{3-\left(\frac{r}{a}\right)^2\right\} = \frac{\rho a^2}{6\varepsilon_0}\left\{3-\left(\frac{r}{a}\right)^2\right\}$$

電場は図4.2，電位は図5.1(b)．これらはそれぞれ，一様密度の球の内外の重力と位置エネルギーに対応する（万有引力はクーロン力と同じ距離の逆2乗則に従う）．

連続分布の電荷による電場と電位

点電荷の電場と電位が知れたから，一般の電荷分布に対する電場と電位が重ね合わせの原理で求められる．

まずとびとびの電荷集合による電場(3.7)を，電荷が連続的に分布する場合に拡張したい．そのために，ポイント3で見た連続極限を応用し，電荷密度関数を導入すれば，電荷についての和が体積積分で表わせて，(3.7)の電場は，

$$\bm{E}(\bm{r}) = \int \frac{d^3\bm{r}'\rho(\bm{r}')}{4\pi\varepsilon_0|\bm{r}-\bm{r}'|^2}(\widehat{\bm{r}-\bm{r}'}) = \int \frac{d^3\bm{r}'\rho(\bm{r}')(\bm{r}-\bm{r}')}{4\pi\varepsilon_0|\bm{r}-\bm{r}'|^3} \quad (5.3)$$

と表わすことができる．次に，電位に進もう．点電荷 Q_i が位置 $\bm{r}_i$ にあるときの任意の場所での電位は，原点に電荷があるときのクーロンポテンシャル(5.1)で原点を $\bm{r}_i$ に移せば，

$$V_i(\bm{r}) = \frac{Q_i}{4\pi\varepsilon_0|\bm{r}-\bm{r}_i|} \quad (5.4\text{a})$$

と書ける．したがって，電場を考えたときと同じ電荷集合に対する電位は，各電荷からのクーロンポテンシャル(5.4a)を重ね合わせて得られる．

$$V(\bm{r}) = \sum_{i=1}^{n} V_i(\bm{r}) = \sum_{i=1}^{n} \frac{Q_i}{4\pi\varepsilon_0|\bm{r}-\bm{r}_i|} \quad (5.4\text{b})$$

上式の連続分布への書き換えは，電場の場合と同じく，連続体への極限をとれば，電荷密度によるクーロンポテンシャルの体積積分で行なわれ，

$$V(\bm{r}) = \int \frac{d^3\bm{r}'\rho(\bm{r}')}{4\pi\varepsilon_0|\bm{r}-\bm{r}'|} \quad (5.4\text{c})$$

となる．

ポアソン方程式

とびとびにせよ連続にせよ，電荷分布から電場と電位を求めることができた．ところで ポイント3 で見たとおり，電荷分布はガウスの法則を満たす．連続分布では，

$$\varepsilon_0 \mathrm{div} \boldsymbol{E}(\boldsymbol{r}) = \rho(\boldsymbol{r}) \quad \textbf{ガウスの法則} \qquad (3.10\mathrm{g})$$

また，静電場は電位の勾配で与えられる．

$$\boldsymbol{E} = -\mathrm{grad}\, V \qquad (4.8)$$

さらに，静電場は渦なしである．

$$\mathrm{rot}\, \boldsymbol{E} = 0 \qquad (4.2\mathrm{d})$$

上の3式，(3.10g), (4.8), (4.2d) が静電場の基本法則のまとめである．では，前項で点電荷の重ね合わせで求めた電場(5.3)および電位(5.4c)は，静電場の基本法則を満たすだろうか．それを見るために，微分演算に慣れておこう．まず，便利なので，次の微分演算子を定義する．

$$\nabla = \mathrm{grad} = \frac{\partial}{\partial \boldsymbol{r}} \qquad (5.5)$$

ここに ∇ はナブラ[*2]と読み，grad に等しい．ナブラは，ベクトルとして扱うと，いろいろな微分演算をベクトル演算として表わすことができ，大変便利である．次の例題で演算になれよう．ただし，**ベクトル積(外積)**を

$$\begin{aligned}\boldsymbol{a} \times \boldsymbol{b} &= ab\sin\theta_{ab} \\ &= (a_y b_z - a_z b_y, a_z b_x - a_x b_z, a_x b_y - a_y b_x)\end{aligned} \qquad (5.6)$$

と定義する．ここに，θ_{ab} は，$\boldsymbol{a}$ と $\boldsymbol{b}$ の間の角度である．定義より，同一

[*2] 逆三角形記号はアッシリアの竪琴の形にちなんで付けられたという．

ベクトルの外積はゼロ，$\boldsymbol{a} \times \boldsymbol{a} = 0$.

例題 5.4

以下を示せ．

(a) $\mathrm{grad}\, f = \nabla f$

(b) $\mathrm{div}\, \boldsymbol{A} = \nabla \cdot \boldsymbol{A}$

(c) $\mathrm{rot}\, \boldsymbol{A} = \nabla \times \boldsymbol{A}$

(d) $\mathrm{div}\, \mathrm{grad}\, f = \nabla \cdot \nabla f = \dfrac{\partial^2 f}{\partial x^2} + \dfrac{\partial^2 f}{\partial y^2} + \dfrac{\partial^2 f}{\partial z^2} = \Delta f$
（ラプラス演算子）

(e) $\mathrm{rot}\, \mathrm{grad}\, f = \nabla \times \nabla f = 0$ 　　（恒等式） 　　(5.7)

[解]　(a)

$$\nabla f = \left(\frac{\partial f}{\partial x}, \frac{\partial f}{\partial y}, \frac{\partial f}{\partial z} \right) = \mathrm{grad}\, f$$

(b)

$$\nabla \cdot \boldsymbol{A} = \frac{\partial A_x}{\partial x} + \frac{\partial A_y}{\partial y} + \frac{\partial A_z}{\partial z} = \mathrm{div}\, \boldsymbol{A}$$

(c)

$$\nabla \times \boldsymbol{A} = \left(\frac{\partial A_z}{\partial y} - \frac{\partial A_y}{\partial z}, \frac{\partial A_x}{\partial z} - \frac{\partial A_z}{\partial x}, \frac{\partial A_y}{\partial x} - \frac{\partial A_x}{\partial y} \right) = \mathrm{rot}\, \boldsymbol{A}$$

(d)

$$\nabla \cdot \nabla f = \frac{\partial}{\partial x} \frac{\partial}{\partial x} f + \frac{\partial}{\partial y} \frac{\partial}{\partial y} f + \frac{\partial}{\partial z} \frac{\partial}{\partial z} f$$
$$= \frac{\partial^2 f}{\partial x^2} + \frac{\partial^2 f}{\partial y^2} + \frac{\partial^2 f}{\partial z^2} = \mathrm{div}\, \mathrm{grad}\, f = \Delta f$$

(e)

$$\nabla \times \nabla f$$
$$= \left(\frac{\partial}{\partial y} \frac{\partial}{\partial z} f - \frac{\partial}{\partial z} \frac{\partial}{\partial y} f, \frac{\partial}{\partial z} \frac{\partial}{\partial x} f - \frac{\partial}{\partial x} \frac{\partial}{\partial z} f, \frac{\partial}{\partial x} \frac{\partial}{\partial y} f - \frac{\partial}{\partial y} \frac{\partial}{\partial x} f \right)$$
$$= \mathrm{rot}\, \mathrm{grad}\, f = 0$$

例題 5.4 の設問 (e) の結果 (5.7) と (4.8) から，静電場は渦なしであることがわかる．すなわち，$\mathrm{rot}\,\boldsymbol{E}=-\mathrm{rot}\,\mathrm{grad}\,V=\nabla\times\nabla V=0$．こうして静電場の基本的性質の1つが，電場がポテンシャル場であることから導かれた．(5.7) は恒等的に成り立つから，一般に，**ポテンシャル場は渦なし**であることが言える．

ポイント 4 でも示したように，電場を電荷密度から決めるガウスの法則 (3.10g) は，電場が電位の勾配で与えられるから，電位を電荷密度で決める関係になるはずである．例題 5.4 の設問 (d) の結果，(3.10g) を用いれば，

$$\varepsilon_0 \mathrm{div}\,\mathrm{grad}\,V = \varepsilon_0 \nabla^2 V = \varepsilon_0 \left(\frac{\partial^2}{\partial x^2} + \frac{\partial^2}{\partial y^2} + \frac{\partial^2}{\partial z^2}\right)V$$
$$= \varepsilon_0 \Delta V = -\rho \qquad (5.8)$$

ここに，$\Delta = \mathrm{div}\,\mathrm{grad} = \nabla^2 = \dfrac{\partial^2}{\partial x^2} + \dfrac{\partial^2}{\partial y^2} + \dfrac{\partial^2}{\partial z^2}$ は，ラプラス演算子である．式 (5.8) は電位に対する**ポアソン方程式**と呼ばれ，電荷密度と電位とを結ぶ関係式である．

点源はデルタ関数

通常，与えられた電荷密度に対し，電場はガウスの法則 (3.10g)，電位はポアソン方程式 (5.8) をそれぞれ解いて得られる．ところが物理的考察により，それぞれ点電荷の電場，電位（クーロンポテンシャル）を重ね合わせれば，電荷密度により，電場が (5.3)，電位が (5.4c) で表わせることを見た．

では，求めた電場 (5.3) はガウスの法則を，求めた電位 (5.4c) はポアソン方程式を，それぞれ満たすだろうか．例題で確かめよう．

―― 例題 5.5 ――
電場 (5.3) と電位 (5.4c) が，それぞれガウスの法則 (3.10g) とポアソン方程式 (5.8) を満たしていることを確かめよう．［ヒント］点電荷の場合に，ガウスの法則を確かめた例題 3.8 において，r を

$|\boldsymbol{r} - \boldsymbol{r}'| = |\boldsymbol{r}' - \boldsymbol{r}|$ で置き換えて考えよ．

[解] 電場と電位は(4.8)で結ばれているから，一方を示せば，他方も示せたことになる．ここでは，例題 3.8 にならって(5.3)がガウスの法則の微分形(3.10g)を満たすことを示そう．まず，$|\boldsymbol{r} - \boldsymbol{r}'| \neq 0$ のとき

$$\frac{\partial}{\partial x}\left(\frac{x - x'}{|\boldsymbol{r} - \boldsymbol{r}'|^3}\right) = \frac{1}{|\boldsymbol{r} - \boldsymbol{r}'|^3} - 3\frac{(x - x')^2}{|\boldsymbol{r} - \boldsymbol{r}'|^5}$$

などから，

$$\mathrm{div}\left(\frac{\boldsymbol{r} - \boldsymbol{r}'}{|\boldsymbol{r} - \boldsymbol{r}'|^3}\right)\Big|_{|\boldsymbol{r} - \boldsymbol{r}'| \neq 0} = 0.$$

これより，(5.3)の発散は，積分範囲を $\boldsymbol{r}$ の近傍($|\boldsymbol{r} - \boldsymbol{r}'| \leqq \delta$)だけで考えればよい．さらに例題 3.8 で行なったように，ガウスの定理を使えば，この近傍球の体積積分は $\boldsymbol{r}$ を中心とする球面積分に置き換えられて，

$$\begin{aligned}
4\pi\varepsilon_0 \mathrm{div}\,\boldsymbol{E}(\boldsymbol{r}) &= \mathrm{div}\left(\int_{\text{全系}} \frac{d^3\boldsymbol{r}'\,\rho(\boldsymbol{r}')(\boldsymbol{r} - \boldsymbol{r}')}{|\boldsymbol{r} - \boldsymbol{r}'|^3}\right) \\
&= \int_{|\boldsymbol{r}' - \boldsymbol{r}| \leqq \delta} d^3\boldsymbol{r}'\,\rho(\boldsymbol{r})\,\mathrm{div}\left(\frac{\boldsymbol{r} - \boldsymbol{r}'}{|\boldsymbol{r} - \boldsymbol{r}'|^3}\right) \\
&= \rho(\boldsymbol{r}) \int_{|\boldsymbol{r}' - \boldsymbol{r}| = \delta} d\boldsymbol{S}' \cdot \frac{\boldsymbol{r} - \boldsymbol{r}'}{|\boldsymbol{r}' - \boldsymbol{r}|^3} = \frac{\rho(\boldsymbol{r})}{\delta^2} \int_{|\boldsymbol{r}' - \boldsymbol{r}| = \delta} dS' \\
&= 4\pi\rho(\boldsymbol{r})
\end{aligned}$$

ここで，$\delta \to 0$ の極限で電荷密度を中心の値で置き換え，球面積分で面素ベクトルが動径 $\boldsymbol{r} - \boldsymbol{r}'$ 方向にあることを用いた．電場(5.3)は，たしかにガウスの法則を満たすことが示せた．

例題 5.5 の結果は，(5.4c)も参照して次のようにまとめられる．

$$\varepsilon_0 \mathrm{div}\,\boldsymbol{E} = -\Delta \int_{\text{全系}} d^3\boldsymbol{r}'\,\rho(\boldsymbol{r}')\frac{1}{4\pi|\boldsymbol{r} - \boldsymbol{r}'|} = \rho(\boldsymbol{r}) \quad \longrightarrow \quad \varepsilon_0 \Delta V = -\rho(\boldsymbol{r}) \tag{5.9a}$$

この関係を物理的に考えれば，クーロンポテンシャルにラプラス演算子を作用したものが，ポテンシャルの中心でだけ無限に大きい値を取り，任意

の関数との積の積分で中心での値のみを残すことを表わす．このことを次のように表わそう．

$$\Delta\left(\frac{1}{|\boldsymbol{r}-\boldsymbol{r}'|}\right) = -4\pi\delta(\boldsymbol{r}-\boldsymbol{r}') \tag{5.9b}$$

ここに，$\delta(\boldsymbol{r}-\boldsymbol{r}')$ は，任意の積分可能な関数 $f(\boldsymbol{r}')$ との積を取って積分すると，

$$\int d^3r' f(\boldsymbol{r}')\delta(\boldsymbol{r}-\boldsymbol{r}') = f(\boldsymbol{r}) \tag{5.9c}$$

のように，その関数の $\boldsymbol{r}$ での値を与える関数で，ディラックの**デルタ関数**と呼ばれる．デルタ関数は，積分記号の下でのみ意味を持つ関数(**超関数**)である．

デルタ関数は，点電荷のひとつの表現と考えられ，クーロンポテンシャルはデルタ関数を電荷の源とするポアソン方程式の解とみなすことができる．電荷が連続的に分布する場合のポアソン方程式の解は，点電荷のクーロンポテンシャルを源とし，電荷分布の大きさをかけて重ね合わせることにより，(5.4c)のように得られるのである．

電場のエネルギー

電場のエネルギーを電場によって直接表わしたい．そのためにまず，電荷間の電気的エネルギーを考えよう．

位置 $\boldsymbol{r}_i$ にある点電荷 Q_i による電位は，(5.4a)で与えられた．これより，もう一つの点電荷 Q_j が位置 $\boldsymbol{r}_j$ にあるとき，電荷 Q_j の電位は $V_i(\boldsymbol{r}_j) = \dfrac{Q_i}{4\pi\varepsilon_0|\boldsymbol{r}_j-\boldsymbol{r}_i|}$ であるから，これら電荷対の電気的エネルギーは

$$U_{ij} = Q_j V_i(\boldsymbol{r}_j) = \frac{Q_i Q_j}{4\pi\varepsilon_0|\boldsymbol{r}_i-\boldsymbol{r}_j|} \tag{5.10}$$

である．n 個の電荷の集まり $\{Q_i,\ i=1,2,\ldots,n\} = \{Q_1, Q_2,\ldots,Q_n\}$ については，重ね合わせの原理を用い，電荷対 $(i,j)_{i\neq j}$ ごとに(5.10)を加えれば，全電気的エネルギーは，

$$U = \sum_{(i,j)_{i\neq j}}^{n} U_{i,j} = \sum_{(i,j)_{i\neq j}}^{n} \frac{Q_i Q_j}{4\pi\varepsilon_0 |\boldsymbol{r}_i - \boldsymbol{r}_j|} \quad (5.11\text{a})$$

である．ここでは，対の組み合わせごとに和をとったが，添え字 i, j を独立にとると，同じ対が i, j と j, i のように2度現れることに注意すれば，(5.11a)は，次のように表わすこともできる．

$$U = \frac{1}{2} \sum_{i=1}^{n} \sum_{j=1}^{n} \frac{Q_i Q_j}{4\pi\varepsilon_0 |\boldsymbol{r}_i - \boldsymbol{r}_j|} \quad (5.11\text{b})$$

こうして得られた電荷集合の電気的エネルギーを，連続的な分布の場合に書き換えよう．すでに，連続分布の電場や電位について行なったと同様に，微小体積中の電荷集合をまとめて電荷密度で表わせば，(5.11b)の電荷についての和の連続極限は，電荷密度と体積積分で，

$$U = \frac{1}{2} \iint \frac{d^3\boldsymbol{r}\, d^3\boldsymbol{r}'\, \rho(\boldsymbol{r})\rho(\boldsymbol{r}')}{4\pi\varepsilon_0 |\boldsymbol{r} - \boldsymbol{r}'|} \quad (5.11\text{c})$$

と書くことができる．

式(5.11c)を，電場で書き換えよう．それには，電荷密度が電場の源であることを表わすガウスの法則を思い出そう．実際，(3.10g)より $\rho(\boldsymbol{r}) = \varepsilon_0 \text{div}\, \boldsymbol{E}$ を(5.11c)の右辺に代入すれば，

$$\begin{aligned} U &= \frac{1}{2} \int d^3\boldsymbol{r}\, \varepsilon_0 \text{div}\, \boldsymbol{E}(\boldsymbol{r}) \int d^3\boldsymbol{r}' \frac{\rho(\boldsymbol{r}')}{4\pi\varepsilon_0 |\boldsymbol{r} - \boldsymbol{r}'|} \\ &= \frac{1}{2} \int d^3\boldsymbol{r}\, \varepsilon_0 \text{div}\, \boldsymbol{E}(\boldsymbol{r}) V(\boldsymbol{r}) \end{aligned} \quad (5.12\text{a})$$

ここに，$\boldsymbol{r}'$ の体積積分は，(5.4c)に示した連続分布のときの $\boldsymbol{r}$ における電位 $V(\boldsymbol{r})$ に等しいから，最後の表式が得られるのである．

上に得た表式を，さらに書き換えよう．発散は微分を含むので，微分を含む被積分関数の積分について成り立つ部分積分の公式を導こう．まず，関数の積の微分から

$$\frac{\partial f(\boldsymbol{r})}{\partial x} g(\boldsymbol{r}) = \frac{\partial (f(\boldsymbol{r})\, g(\boldsymbol{r}))}{\partial x} - f(\boldsymbol{r}) \frac{\partial g(\boldsymbol{r})}{\partial x}$$

であることに注意して，両辺を x で積分すると，**部分積分の公式**が得られる．

$$\int_a^b dx\, \frac{\partial f(\bm{r})}{\partial x}\, g(\bm{r}) = (f(\bm{r})\,g(\bm{r}))|_a^b - \int_a^b dx\, f(\bm{r})\, \frac{\partial g(\bm{r})}{\partial x} \quad (5.13)$$

微分が y または z の場合でも同様の式が得られる．

得られた公式を(5.12a)で発散(div)をあらわに書いた式に当てはめよう．

$$\begin{aligned}
U &= \frac{1}{2}\varepsilon_0 \int_{-\infty}^{\infty} d^3\bm{r}\, \left(\frac{\partial E_x}{\partial x} + \frac{\partial E_y}{\partial y} + \frac{\partial E_z}{\partial z}\right) V(\bm{r}) \\
&= -\frac{1}{2}\varepsilon_0 \int_{-\infty}^{\infty} d^3\bm{r}\, \left\{E_x \cdot \frac{\partial V}{\partial x} + E_y \cdot \frac{\partial V}{\partial y} + E_z \cdot \frac{\partial V}{\partial z}\right\} \\
&= \frac{1}{2} \int_{-\infty}^{\infty} d^3\bm{r}\, \varepsilon_0 \bm{E}(\bm{r})^2 = \frac{1}{2} \int_{-\infty}^{\infty} d^3\bm{r}\, \bm{D}\cdot\bm{E} \quad (5.12\mathrm{b})
\end{aligned}$$

上では，電位と電場が無限遠でゼロであること，および両者の関係(4.8)，すなわち，$-\mathrm{grad}\,V = \bm{E}$ を用いた．なお，$\bm{D} = \varepsilon_0 \bm{E}$ は電束密度ベクトルである．

こうして，電場の全エネルギーの電場による表式が体積積分の形で得られた．この結果は，電場のエネルギーが，体積当たり電場の2乗に比例することを示す．実際，電場のエネルギー密度は，

$$\rho_\mathrm{E}(\bm{r}) = \frac{1}{2}\varepsilon_0 \bm{E}(\bm{r})^2 = \frac{1}{2}\bm{D}\cdot\bm{E} \quad (5.12\mathrm{c})$$

であり，**電束密度ベクトルと電場ベクトルの内積の半分が電場のエネルギー密度を与える**．

ポイント 6

絶縁体と誘電体

　場という考え方をもっと深く理解するために，電場が物質に対しどういう影響をもたらすかを探ろう．日ごろの経験から，物質には大きく分けて，電気をよく通す導体と通さない絶縁体があることを知っている（半導体は中間の性質を持つ）．そのちがいはどこから来るのだろうか．

導体とは何か

物質における場の振る舞いを理解するには，物質が，何によってどうつくられているかや，物質の構成要素と場との相互作用を知らなければならない．そのためには，ミクロの世界の物理が必要である．しかし電磁気学は，歴史的にはわれわれがミクロの世界に入る以前にほぼ完成し，むしろ，ミクロ世界を理解する重要な道具の一つとなった．このとき歴史的にとられた考え方は，物質を連続体とみなすやり方であった．すなわち物質の構成要素とその時間的振る舞いを，空間と時間について平均したり粗い見方(疎視化)を行なって捉えるのである*1．この ポイント 6 では，このように物質を連続体として捉える．

まず導体を取り上げよう．電気を通す物質には，電解質溶液のようにイオンが移動するものもあるが，ここではおもに金属を考える．

導体中の動きうる電荷は，時間がたてば，エネルギー的に最も安定な分布(電位が最も低い状態)に落ち着くと考えられる．この状態を**平衡状態**と呼ぶ．平衡状態にある導体の性質を，例題で順に見ていこう．

例題 6.1

平衡状態にある導体について以下を示そう．
(1) 導体内部の電場はゼロである．
(2) 導体は表面も含めて等電位である．
(3) 導体内部には電荷は存在しない．
(4) 導体近傍の外部電場は，導体表面に垂直である．

[解] (1) 内部で電場がゼロでなければ，動きうる電荷は電場により移動して，より電位の低い分布に変わるから，平衡状態の仮定に反する．

(2) 上の設問(1)より $\boldsymbol{E} = -\operatorname{grad} V = 0$ ゆえ，導体内部のいたるところで，電位は一定．また電位の接続条件より，導体表面の電位も内部と同

---
*1 ポイント 3 の脚注 *12.

じになる．すなわち，導体全体が等電位となる．これより，電位に共通の基準を決めれば，導体ごとに電位が定義できるのである．

(3) 導体内の任意の微小閉曲面 ΔS にガウスの法則を適用すれば，(1)より $\int_{\Delta S} \varepsilon_0 \boldsymbol{E} \cdot d\boldsymbol{S} = 0 = \{\Delta S$ 内部の電荷$\}$． $\Delta S \to 0$ の極限をとれば，導体内の任意の場所で電荷はゼロ．電荷は，導体表面だけに存在できる．

(4) ポイント4 で見たように電場は等電位面に直交する．上の設問(2)より導体表面は等電位面だから，導体直上の外部電場は導体表面に直交する．

例題 6.1 からわかるように，今までに見た帯電平面や帯電球面などは，導体の表面(あるいは導体膜)で実現される．また前に見た遮蔽という現象も，導体内部に電場が侵入できないために生じた．

導体内部に電場がないことを別の見方で考えよう． ポイント1 で見たように，物体に電荷が近づくと，静電誘導で電荷近くには逆符号，遠くには同符号の電荷が誘起される(**誘起電荷**)．導体でも，電場中に置かれれば，誘起電荷が表面に現れ，誘起電荷による電場が，外部電場を打ち消すように分布するのである(図 6.1)．

では，表面電荷が導体の近くにつくる電場はどうなるか．方向は，導体表面に垂直であることがわかっているから，大きさを求めればよい．

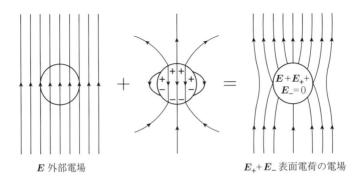

図6.1 表面電荷による電場が，外部電場を打ち消す． $\boldsymbol{E} + \boldsymbol{E}_+ + \boldsymbol{E}_- = 0$． $\boldsymbol{E}$：外部電場， $\boldsymbol{E}_\pm$：正負表面電荷の電場

例題 6.2

導体表面の面電荷密度が σ のとき，表面近傍の電場の大きさを求めよう．[ヒント] 導体表面に垂直で，導体の内外をはさむ微小円柱にガウスの法則を適用せよ（図 6.2）．

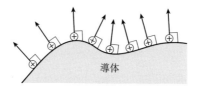

図 6.2 導体表面近くの電場

[解] 微小円柱の底面積を ΔS とし，ガウスの法則を当てはめる．電場は導体内部でゼロ，外部では導体表面に垂直だから，電束が存在するのは，外部の底面だけであり，電荷は導体表面のみに存在するから，$\varepsilon_0 E \Delta S = \sigma \Delta S$ となる．これより，導体の表面近くの電場の強さは，

$$E = \frac{\sigma}{\varepsilon_0} \tag{6.1}$$

電場は，導体が正に帯電していれば，表面から垂直に湧き出し，負なら表面に垂直に吸い込まれる．

電荷をためるキャパシター

これまでに見てきた例で，電荷分布が広がっている系の電位は，全電荷に比例している．例題 5.1, 5.3 で調べた帯電球面と帯電球の球面上の電位は，ともに $V = V(a) = \dfrac{Q}{4\pi\varepsilon_0 a}$ である．いま，$C = 4\pi\varepsilon_0 a$ と置いて電荷を与える式に書き換えれば，

$$Q = CV \tag{6.2}$$

電荷と電位の比例関係は，一般の系でも成り立ち，電荷を蓄えるキャパシター(capacitor, 蓄電器)[*2] として用いられるので，C は電気容量(capacitance)と呼ばれる．よく知られているキャパシターは，すで

に ポイント 4 の例題 4.6 で見た平行帯電面対(平行板キャパシターと呼ぶ)である.

--- 例題 6.3 ---
例題 4.6 の正負平行帯電面の間隔が d で,面積が S のとき,帯電面間の電位差と,全電荷の関係を求め,電気容量を与えよ.ただし,間隔は十分狭く($d \ll \sqrt{S}$),帯電面の端での電気力線のふくらみは無視できるとせよ.

[解] 電場は,大きさが $E = \dfrac{\sigma}{\varepsilon_0}$,面に垂直で正の帯電面(正の極板)から負の帯電面(負の極板)に向かう.これより,負の極板の電位をゼロとすれば,負の極板からの高さが x の位置の電位は $V(x) = Ex = (\sigma/\varepsilon_0)x$.正の極板の電位は $V = V(d) = Ed = (\sigma/\varepsilon_0)d$.ところで,各極板の全電荷は $\pm Q = \pm \sigma S$ だから,$\sigma = Q/S$ であり,電荷と電位の関係および電気容量は $V = Ed = \left(\dfrac{Q}{\varepsilon_0 S}\right)d$ から,

$$Q = \left(\frac{\varepsilon_0 S}{d}\right)V, \quad C = \frac{\varepsilon_0 S}{d} \quad (\text{平行板キャパシター}) \tag{6.3}$$

平行板キャパシターの電気容量を増やすには,面積を大きくし,間隔を狭くすればよい.前に見た球状物体では,電気容量は,物体の大きさ(半径)に比例した.平行板の場合には面積を間隔で割った量が容量を決めるが,この量もまた系の長さの次元を持つことを覚えておこう.電気容量は,系の代表的な長さに比例するのである.電気容量の単位として,SI 単位系(MKSA 単位系)では,電位が 1 V のとき 1 C の電荷を蓄える容量をとり,1 ファラッド F(Farad)と呼ぶ[*3].これより F = CV^{-1}.例題でファラッドの大きさを実感しよう.

[*2] コンデンサー(condenser, 凝縮器)とも呼ばれるが,電荷を凝縮するわけではなく,蓄えるだけなので,呼び方としてはキャパシター(蓄電器)が適当である.
[*3] さまざまな形をしたいろいろな物質の電気容量を調べたファラデーにちなむ.

── 例題 6.4 ──

例題 5.1 の設問(2)の帯電球面が，地球に等しい半径($a = 6400$ km)を持つとして電気容量を求めよ．

[解] 真空の誘電率を与える式(3.2)で，単位を $\text{Nm}^2\text{C}^{-2} = \text{JmC}^{-2} = \text{CVmC}^{-2} = \text{VmC}^{-1}$ と書き換えておく．半径を帯電球面のキャパシターの式 $C = 4\pi\varepsilon_0 a$ に代入して

$$C = \frac{6.4 \times 10^6 \,\text{m}}{9 \times 10^9 \,\text{VmC}^{-1}} = 7.1 \times 10^{-4}\,\text{F}$$

地球のように大変大きいものの容量でさえ，ミリファラッド以下と小さい．ファラッドは大変大きいので，通常は，マイクロファラッド $\mu\text{F} = 10^{-6}\,\text{F}$，またはピコファラッド $\text{pF} = 10^{-12}\,\text{F}$ などが用いられる．

地球も電気を通すから，導体球とみなせるので[*4]，例題 6.4 は単なる計算問題をこえて現実性を持つ．

── 例題 6.5 ──

例題 6.3 の平行板キャパシターによる電場のエネルギーを求めよう．

[解] 平行板の端の電場のゆがみを無視すれば，電場は平行板に垂直で，その間での大きさは $E = \sigma/\varepsilon_0 = Q/(\varepsilon_0 S)$ で一定だから，静電エネルギー U は(5.12b)から，

$$U = \frac{1}{2}\varepsilon_0 E^2 dS = \frac{1}{2}\left(\frac{d}{\varepsilon_0 S}\right)Q^2 = \frac{1}{2}\frac{Q^2}{C}.$$

最後の式は，式(6.3)の関係を用いた．

なお，一般のキャパシターの静電エネルギーも，例題 6.5 の結果の最後の表式で与えられる．

[*4] 電気器具や避雷針で接地(アース，earth)して，余分の電流を棄てたり，電位の基準にするのも地球の導電性による．

$$U = \frac{Q^2}{2C} \tag{6.4}$$

電場の中で絶縁体に何が起こるか

次に，絶縁体に進もう．電場中で絶縁体には何が起こるのだろう．

その前に，電気力がどう媒介されるかについて考えよう．クーロンの法則（ポイント3）のところで触れたように，電気力は万有引力同様，距離だけで決まり，その途中に存在する媒質の影響はなく，直接作用すると考えられた（遠隔作用説）．しかしファラデーは，電気力は磁気力のように，空間を場として次々に伝わって作用すると考えた（近接作用説）．そうであれば，電荷の間に媒質を置けば，電気力の伝わり方が変わるはずである．こう考えたファラデーは，いろいろな物質を電場の間に入れて静電誘導の実験を行ない，物質によって電場が変わることを発見した．ファラデー自身が，場の存在を実証して見せたのである．

前に見たとおり静電誘導は，導体では表面の電荷分布を変え，内部の電場を消した．一方，絶縁体内部では，電荷は束縛されているが，それでも電場がかかると，正電荷は静電誘導で電場方向に，負電荷は電場と逆向きにそれぞれ微小変位する．この結果，表面には誘起電荷が生じ，外部電場と逆向きに分極する（**誘電分極**または**電気分極**．図 6.3(b)）．絶縁体は，誘電分極を起こすという側面から，**誘電体**とも呼ばれる．

分極は表面だけでなく，絶縁体の内部でも起こる．しかしその詳細を探るには，原子・分子などのミクロな尺度にまで立ち入らなくてはならない．ここでは，個々の原子・分子にまでは立ち入らず，物質を連続体とみなせる程度に，長さや分子数について平均化ないしは疎視化を行なって扱うことにする．図 6.3(b)に描いた誘電体内部の微小な電気双極子も，このような平均操作によるものと考えよう．

簡単のため，絶縁体は一様で，電気的な中和状態にあったとしよう．電荷密度も，正負電荷 $\pm q$ を持つ粒子[*5] が平均的に見て数密度 n で分布し

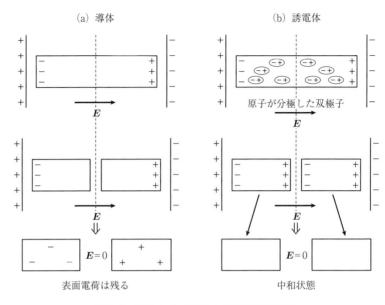

図 6.3　電場の中の導体と絶縁体(誘電体)

ているとすると，正負電荷密度は $\pm qn = \pm\rho$ である．電場がなければ，正負電荷の中心は一致している．電場がかかると，誘電分極が起こり，正電荷が電場方向に，負電荷が電場と逆方向に微小なずれ $\boldsymbol{\delta}$ を生じ，電気双極子 $\boldsymbol{p} = q\boldsymbol{\delta}$ が電場方向に生ずる．

　分極のずれによって，誘電体の表面では外部に電荷が染み出すから，誘電体内部に逆符号の電荷が残される．面素を $d\boldsymbol{S}$ とすれば，面からの正味のずれは，面に対するずれの垂直成分だから $\boldsymbol{\delta}\cdot d\boldsymbol{S}$ に等しい．いま分極を起こす粒子の平均数密度を n_P とすれば，ずれで染み出る電荷量は，$n_\mathrm{P}q\boldsymbol{\delta}\cdot d\boldsymbol{S}$ であり，全表面 S で積分すれば，$\int_\mathrm{S} n_\mathrm{P}q\boldsymbol{\delta}\cdot d\boldsymbol{S} = \int n_\mathrm{P}\boldsymbol{p}\cdot d\boldsymbol{S} = \int \boldsymbol{P}\cdot d\boldsymbol{S}$ である．ここに，$\boldsymbol{P} = \boldsymbol{p}n_\mathrm{P} = q\boldsymbol{\delta}n_\mathrm{P} = \rho_\mathrm{P}\boldsymbol{\delta}$ は，絶縁体中の単位面積あたりの電気双極子である．この単位面積あたりの電気双極子は，**電気分極べ**

---

　*5　ミクロにはこの粒子は，正電荷 q を持つ原子核とその周りの負電荷 $-q$ を持つ電子の雲からなる原子とみなせる．

クトルまたは単に**分極ベクトル**と呼ばれ，誘電分極の度合いを表わす．実際 $\boldsymbol{P}\cdot d\boldsymbol{S}$ は面素の上の分極電荷を表わし，分極の大きさの単位は，電荷の面密度あるいは電束密度と同じく Cm^{-2} である(確かめよう).

絶縁体の中のガウスの法則

絶縁体(誘電体)中でガウスの法則はどう変わるだろうか．電場で誘電分極するから，真空中とは場の様子が変わる．電荷についても，与えた電荷 $Q=\int_{\mathrm{V}}\rho(\boldsymbol{r})\,d^{3}\boldsymbol{r}$ の他に分極による電荷密度 ρ_{P} が生ずる(絶縁体の体積を V，その表面を S とする)．すぐ上で述べたとおり，静電誘導による変位 $\boldsymbol{\delta}$ で表面から外に染み出す電荷は，$\int_{\mathrm{S}}\boldsymbol{P}\cdot d\boldsymbol{S}$ である．このため絶縁体内部には見かけ上 $Q_{\mathrm{P}}=-\int_{\mathrm{S}}\boldsymbol{P}\cdot d\boldsymbol{S}$ の分極電荷が取り残される．ここにガウスの定理(3.12a)を用いれば，内部の分極電荷密度は，分極ベクトルの発散の逆符号に等しいことがわかる($\rho_{\mathrm{P}}=-\mathrm{div}\boldsymbol{P}$)．すなわち，分極が一様でないところに，分極電荷が生ずる．

こうして，内部にもともとあった電荷 Q を加えれば，あわせて $Q+Q_{\mathrm{P}}$ の電荷が内部に存在することになる．これらが源として電場 $\boldsymbol{E}$ を形成するのだから，

$$\int_{\mathrm{S}}\varepsilon_{0}\boldsymbol{E}\cdot d\boldsymbol{S}=Q+Q_{\mathrm{P}}=Q-\int_{\mathrm{S}}\boldsymbol{P}\cdot d\boldsymbol{S}$$

となる．

分極電荷の分を移項すれば，誘電体内部のガウスの法則が得られる．

$$\int_{\mathrm{S}}(\varepsilon_{0}\boldsymbol{E}+\boldsymbol{P})d\boldsymbol{S}=\int_{\mathrm{S}}\boldsymbol{D}\cdot d\boldsymbol{S}=Q \quad \text{(誘電体中のガウスの法則)}$$

(6.5a)

ここに，

$$\boldsymbol{D}=\varepsilon_{0}\boldsymbol{E}+\boldsymbol{P} \quad \text{(誘電体の電束密度ベクトル)} \tag{6.5b}$$

であり，もちろん微分形のガウスの法則を満たす．

$$\mathrm{div}\boldsymbol{D} = \rho \qquad (6.5\mathrm{a}')$$

これらの関係から，$\boldsymbol{D}$ は，誘電体の電束密度ベクトルであり，真空の電束密度ベクトルから分極ベクトルの分だけずれる．言い換えると，誘電体の電場ベクトルは，与えた電荷密度 ρ（真電荷と呼ぶこともある）で決まる電束密度ベクトルから，誘電分極ベクトルだけずれる．

$$\boldsymbol{E} = \frac{\boldsymbol{D}}{\varepsilon_0} - \frac{\boldsymbol{P}}{\varepsilon_0}$$

式 (6.5a) および (6.5b) が誘電体中のガウスの法則なのである．電荷密度で言えば，$\mathrm{div}\boldsymbol{P} = -\rho_\mathrm{P}$ に注意して，以下になる．

$$\varepsilon_0 \mathrm{div}\boldsymbol{E} = \rho - \mathrm{div}\boldsymbol{P} = \rho + \rho_\mathrm{P} \qquad (6.5\mathrm{c})$$

誘電体中の電場

誘電体中で電束密度や電場がどう現れるかを，平行板キャパシターで見てみよう．前と同様，電荷密度 $\pm\rho$ で中和状態にあった誘電体が，平行板の電荷 $\pm Q$ による電場で分極して，正負電荷の中心が，平行板に垂直に δ ずれたとする（図 6.4）．

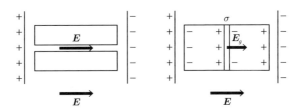

図 6.4　誘電体中のガウスの法則（分極と電束密度）

誘電体中の電場は，平行極板に垂直である．そこで，まず電場に沿って細い孔を考える．孔のなかは真空であるから，そこの電場は，誘電体中の電場 $\boldsymbol{E}$ に他ならない（例題 4.6）．次に，平行板に平行な薄いギャップの間の電場 $\boldsymbol{E}_g$ を考えよう．まず誘電体中の電場 $\boldsymbol{E}$ がある．次に分極で

ギャップ面の厚さ δ の部分に面密度 $\pm\rho_P\delta = \pm\sigma_g$ の面電荷が生じているから，電場 $\sigma_g/\varepsilon_0 = \rho_P\delta/\varepsilon_0$ が面に垂直に加わる．結局これら 2 つの電場の和が求めるギャップ電場である．$\boldsymbol{E}_g = \boldsymbol{E} + \rho_P\boldsymbol{\delta}/\varepsilon_0$．分極ベクトルは $\boldsymbol{P} = \rho_P\boldsymbol{\delta}$ だったから，

$$\varepsilon_0\boldsymbol{E}_g = \varepsilon_0\boldsymbol{E} + \rho_P\boldsymbol{\delta} = \varepsilon_0\boldsymbol{E} + \boldsymbol{P} = \boldsymbol{D}$$

となる．ギャップ電場が電束密度を与えることがわかった．

キャパシターに誘電体をはさむ

誘電体を平行板キャパシターにはさんだらどうなるだろうか．平行板直下には，誘電分極による逆符号の電荷が誘起され平行板の電荷を相殺するから，電位は下がるだろう．極板間の電位を保つには，電池は相殺された電荷を供給しなければならない．言い換えれば，平行板間には真空のときより多くの電荷が保持でき，電気容量が増しそうである．この予想が正しいかどうかを見てみよう．

分極は，加えた電場と誘電体中の構成要素間の静電力の釣り合いで決まるから，その構成物質や構造による．誘電体は均一で等方的だとみなせば，電場が弱いとき分極は電場に比例することが実験的にわかっている．

$$\boldsymbol{P} = \chi\varepsilon_0\boldsymbol{E} \quad (6.6\text{a})$$

無次元の係数 χ（ギリシャ文字でカイと読む）は，分極の電場に対する反応を表わす物質固有量であり，その物質の**電気感受率**(electric susceptibility)という．分極が(6.6a)を満たすなら，電束密度はやはり電場に比例して，(6.5b)から

$$\boldsymbol{D} = \varepsilon\boldsymbol{E} \quad (6.6\text{b})$$

ここに ε は，物質の**誘電率**(dielectric constant)であり，電気感受率により次で与えられる．

$$\varepsilon = \varepsilon_0(1 + \chi) \quad (6.6\text{c})$$

なお，(6.6b)に伴って，誘電体のエネルギー密度 ρ_E は，(5.12c)で真空の誘電率 ε_0 を物質の誘電率 ε で置き換えればよい．

$$\rho_E = \frac{1}{2}\varepsilon \boldsymbol{E}^2 = \frac{1}{2}\boldsymbol{D}\cdot\boldsymbol{E} \qquad (6.6d)$$

電束密度には分極の情報が入っているから，エネルギー密度の第2の表式は変わらない．

電気感受率は負にならない ($\chi \geqq 0$) ので，物質の誘電率は真空の誘電率より大きい ($\varepsilon \geqq \varepsilon_0$)．表6.1 (理科年表による) に見るように，中には真空の値の数千倍に達する物質もある (強誘電体)．

表 6.1　比誘電率 ($\varepsilon/\varepsilon_0$)　（温度はほぼ室温）

物 質	$\varepsilon/\varepsilon_0$	物 質	$\varepsilon/\varepsilon_0$	物 質	$\varepsilon/\varepsilon_0$
雲母	7.0	花コウ岩	8	パラフィン	2.2
ダイヤモンド	5.68	大理石	8	チタン酸バリウム	～5000*
鉛ガラス	6.9	土(乾)	3	ロッシェル塩	～4000*

*結晶の方向による

平行板キャパシターの間に誘電体を入れれば，誘電体表面に極板の電荷と逆符号の面電荷が分極により現れ，電極の電荷を消す効果を示す．実際，誘電体の表面積を S とすれば，$+Q$ の電極直下に $-\rho_P \delta S = -PS = -Q_P$ の電荷が生じて，正味の電荷は $Q - Q_P = Q - PS$ に減る．この効果を実験で見てみよう．

―― 実験 6.1 ――

透明で硬いカードケースの両面に幅5cm程度のアルミテープ（なければアルミホイル）を貼って，平行板キャパシターを作る（長さも5cm程度）．一方のアルミ極板に導線の一端を貼りつけ，他端を箔検電器の検知部につける．実験1.6の方法で，検電器の箔を開かせておき，カードケースの間に楽に入る薄いコピー用紙や学習用の下敷きを，アルミ極板の間で出し入れして箔の開きの変化を見よう．

[結果] コピー用紙がアルミ部分に入ると箔は閉じ始め，アルミ部分に完全に入ると閉じ方が増した．紙を取り去ると，箔の開きは元に戻った．この効果は，下敷きではより顕著だった．

例題 6.6

実験 6.1 の結果を説明してみよう．

[解] **ポイント** 1 の実験 1.5 に見るように，アクリルパイプは負に帯電しているので，箔検電器の検知部には正電荷，箔には負電荷が同量誘起される．このとき，検知部につながったアルミ極板は正に帯電する．誘電体が入れば，正に帯電したアルミ極板の直下の誘電体表面に負電荷が分極で生ずるから，アルミ極板の正電荷の一部は打ち消され，その分だけ箔の負電荷も減る．このため箔の間の反発力も減り，箔は閉じる．誘電体を取り去れば，分極による打消しはなくなるので，元に戻る．

誘電体を間にはさむと，平行板キャパシターの電気容量はどう変わるだろうか．平行板キャパシターの両極板を電圧 V の電池につなごう．このとき，分極による電荷の打ち消し分 $Q_\mathrm{P} = PS$ が電池から極板に補われるから，この電荷と真空のときの電気容量(6.3)にたまる電荷 $Q_0 = C_0 V = \dfrac{\varepsilon_0 S}{d} V$ の和が，キャパシターの極板にたまる電荷となる．

$$Q = Q_0 + Q_\mathrm{P} = \frac{\varepsilon_0 S}{d} V + \chi \varepsilon_0 \frac{V}{d} S = (1+\chi) \frac{\varepsilon_0 S}{d} V.$$

これより誘電体がはさまれたときの電気容量は，(6.6c)に注意して，

$$C = \frac{(1+\chi)\varepsilon_0 S}{d} = (1+\chi) C_0 = \frac{\varepsilon S}{d} \qquad (6.7)$$

で与えられる．真空の誘電率を，誘電体の誘電率に置き換えればよい．誘電体によっては，真空のときの 1 千倍以上の電気容量が得られる．よって，前の予想は正しいことが明らかとなった．

誘電体の中のクーロンの法則

誘電体中でクーロンの法則はどうなるだろうか．ポイント3で見たとおり，点電荷の電場は，真空では電荷を中心とする同心球上で同じ大きさを持ち，動径方向つまり球面の法線方向にある．誘電体中でもこの対称性は変わらない．それゆえ，電束密度ベクトル $\boldsymbol{D}(\boldsymbol{r})$ の大きさは同心球の半径 r の関数で動径方向を向き，$\boldsymbol{D}(\boldsymbol{r}) = D(r)\hat{\boldsymbol{r}}$ と書ける．このことをヒントに，例題で誘電体中でのクーロンの法則を求めよう．

例題 6.7

誘電体の誘電率を ε として，上の同心球を貫く全電束が，点電荷の電荷 Q に等しいと置き，(6.6b)から電場を求め，同心球上に置かれた探り電荷 q にかかる力を求めよう．

[解] 全電束 $= 4\pi r^2 D(r) = Q \to D(r) = \dfrac{Q}{4\pi r^2}$．これを(6.6b)に代入すれば，同心球上の電場は $E(r) = \dfrac{Q}{4\pi \varepsilon r^2}$．したがって試し電荷 q の受ける力の大きさは，

$$f_q(r) = qE(r) = \frac{qQ}{4\pi\varepsilon r^2} = \frac{qQ}{4\pi\kappa\varepsilon_0 r^2}, \quad \kappa = \varepsilon/\varepsilon_0 \tag{6.8}$$

これが誘電体中のクーロンの法則である．ただし，$\kappa = \varepsilon/\varepsilon_0$ は**比誘電率**と呼ばれる次元のない量である．

一様な誘電体中では，真空の誘電率を誘電体の誘電率に置き換えればよいことがわかった．媒質があれば，その誘電率に反比例してクーロン力が弱まり，真空のときの $1/\kappa$ となる．媒質の分極が，電荷間の力を遮蔽するのである．

同じ距離依存性を持ちながら，宇宙規模の遠達性を発揮して星や銀河の運動・構造や進化をも支配する万有引力と比べ，クーロン力が遠距離で活躍できないのは，媒質の分極がもたらす遮蔽のせいなのである．なお，ここでは触れなかったが，結晶構造を持つ誘電体では，方向によって誘電分極が異なるので，電気感受率や誘電率も方向に依存し複雑となる．

ポイント **7**

電池と定常電流

❖　❖　❖

電池の発明と普及により，好きなとき好きな量の電気が得られるようになった．それによって，つぎつぎに新しい電気現象が発見され，電気の世界は目覚しく広がった．電池とそれによる電流は，これまでに獲得した静電現象（放電，静電分極，静電遮蔽など）や静電気学の基本的諸概念（電荷，クーロン力，電場，電位など）をすべて再現できる．

ボルタの電池

静電現象を調べることで,電荷と電場についての性質はかなりわかってきた.しかし,摩擦や接触に頼る限り,電荷を好きなときにほしい量を取り出すのは容易ではなく,大量にためてもおけない.ためておいても,放電のように一瞬でなくなってしまい定量的な実験ができない.この問題を解決し,電気と磁気の新しい視野を開いたのは,ボルタ(A. Volta)による**電池**の発明であった.

ボルタより以前に,生理学者であったガルヴァーニ(L. Galvani)は,カエルの神経の研究中に,筋肉が電気に触れたときと同様の収縮を行なうことを発見し,生体電気と呼んだ[*1].電気が生物の体内でできるというのである.電気について物理的に研究していたボルタは,ガルヴァーニの発見を追究して,この電気のできる原因は,生体ではなく手術のとき用いられた異種の金属の接触によることをつきとめた.そして,接触した異種金属板をはがすと摩擦電気と同じ「何か」が発生することを発見した.ボルタは,この接触による「何か」を連続的に取り出すために,異種金属(たとえば,CuとZn)の板の間に電解質液(希硫酸液など)に浸した布をはさんで重ねることで電池(電堆)を発明したのである.

電池の両端に物,とくに金属をつなぐと,摩擦で作られた「何か」(電荷と呼んだ)によるものと同じ現象が起こる.電池につないだ物(導線など)を通って電荷が流れるのである.電荷の流れ,つまり単位時間当たりの通過電荷量を**電流**という.電流の単位は,MKSA単位系ではアンペア $A = Cs^{-1}$ である.

電流現象は,ポイント1でも,実験1.3や実験1.4で,誘起電荷が手や金属を通って流れ去ったことですでに見てきた.これらの実験でも見たとおり,物質には電流を通す物(導体)とまったく通さない物(絶縁体)があることがわかった(詳しくはポイント6を見よ).

[*1] これは電流の生体反応の発見というべきであろう.

身近にある電線を切って構造を見てみよう．中には銅の線があって電流を通すが，被覆はビニールで電流を通さない．導体の代表は金属であり，絶縁体の代表はプラスチックや陶磁器（電柱の碍子に使われる）である．日常的に使用される物にも，電気的な性質が反映されているのである．

すでに触れたが，電池あるいは電流は，異種物体の接触あるいは摩擦で生ずる電荷のもたらすものとまったく同じ現象を起こす．このことを徹底的に調べたのは，ファラデーであった．今では，電流が起こす現象は，静電気の場合と同じであり，これまでに見てきた電場や電位の概念が，電流についても成り立つことが確かめられている．次の実験で例を挙げよう．

実験 7.1

(1) 図 7.1 を参考にフィルムケースキャパシターを作り，摩擦で作った静電気を繰り返し溜めてから，内外のアルミホイルを電線でつなぐと何が起こるか．

(2) 1.5 V の乾電池 6～8 個を直列につないで（＋極と－極を交互につなぐ），両端につないだ電線を，軽く接触させると何が起こるか．

これら 2 つの実験の際，そばに通電したラジオを置いておこう．

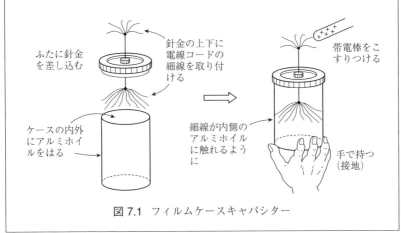

図 7.1　フィルムケースキャパシター

[結果] (1), (2)ともに電線から火花が出た. ポイント1で見た放電であり，同時に稲光のときと同様ラジオがガリッと鳴った.

同じ放電現象が，静電気でも電池でも起こることがわかった.

さて，電荷が移動するのだから，電流を引き起こすのは，電場あるいは電位の勾配である．電池の場合，電流を流す能力は，電池の正負極間[*2]の電位差(ポイント4を見よ．電圧あるいは起電力ともいう)で決まる．ボルタの発明した電池あるいは以下に作製するレモン電池などでは，1個当たりの電池の電圧は1.5V程度である．

電池は，連続的かつ自由に制御できる電流を供給する装置として，電磁気学に革命をもたらしたといっても過言ではない．さらに，新素材や技術の進歩により，小型化・大容量化など，電池の改良は未来に向けて広がっている．

ボルタにならって，私たちも手持ちの材料で電池を作ってみよう．

実験 7.2（電池を作る（レモン電池））

用意するもの レモン6個(代わりにコップに入れた食塩水に亜鉛釘と銅線を浸してもよい)，亜鉛メッキした釘6本，太い銅線6本，電線7本(できたら両端にワニグチクリップを付ける)，発光ダイオード(LED)[*a] 1個．

準備 レモン1個に亜鉛釘と銅線を1本ずつ1cmほど離して刺したものを6組作り，電線で隣り合うレモンの亜鉛釘と銅線を結んでいく(直列つなぎ)．両端のレモンの亜鉛釘と銅線につないだ電線は開放しておく．

(1) 両端の電線にLEDをつなぐ(LEDの長いほうの足に銅線からの電線を，短いほうに亜鉛釘からの電線をつなぐ．逆つなぎもやって見よ)[*b]．

(2) レモンの数を減らしていって同じことを行なう．

(3) 実験終了後，レモンに刺した亜鉛釘と銅線を引き抜いて，そ

[*2] 正の電荷が流れ出す極を正極，流れ込む極を負極とする．電荷の符号に合わせた約束である．ポイント1の脚注*3参照．

れぞれの表面を観察しよう．

> *a ダイオードは 1 方向にのみ電流を流す素子で，電圧に閾値を持つ（約 2 V）通電時に光る．
> *b 発光ダイオードは，1 方向の電流しか流さない（整流作用）．通常足の長いほうを電池の ＋ 極，短いほうを － 極につなぐと流れて点灯するようになっている．上の実験から，銅線側は ＋，亜鉛釘側は － であることがわかる．

[結果]　(1) つないだ瞬間に LED が点灯する（逆つなぎは点かない）．

(2) 条件によるが 6 個が最も明るく，減らすとだんだん暗くなり，2 個以下では点かない．

(3) 亜鉛釘の表面が溶け，銅線の表面にうすく付着した．

電池はうまくできたが，では電池から流れ出る電荷はなんだろうか．また，上の実験や普段電気のスイッチを入れるとき見るように，電池の両端をつなぐと瞬間的に電流が流れるのはなぜだろうか．これらを ポイント 1 と 2 で出した疑問に追加しよう．

(**Q7**) 電池でできる電流を担う電荷は何か？　摩擦の電荷と同じなのか．

(**Q8**) 電池をつなぐとなぜ瞬間的に電流が流れるのか．

電気分解とメッキ

食塩を少し溶かした水に電極を入れて電池につなぐと，電流が通ると同時に電極に泡が出る．＋ 極には酸素 O_2，－ 極には水素 H_2 の気体が出る．この現象を**電気分解**という．電流は，水以外にも水に溶けて電流を通すさまざまな物質を，原子に分解することがわかってきた（19 世紀前半）．電気分解は，電流が化学作用を起こすことを示しただけでなく，電気が原子を結合する力に関わることを直接明らかにしたのである．

電気分解を定量的に調べたファラデーは，

> 電気分解の作用は，流れた電荷量に比例し，1 化学当量[*3] を電気分解する電荷量[*4] は，物質によらず一定である（ファラデーの電気分解の法則，1833 年）

ことを示した．原子の間の結合に，決まった電荷量が関わるのである．ファラデーのこの発見は，ドルトンやアヴォガドロなどによって見出された化学反応の規則性とあいまって，原子・分子の概念と，それらの結合に電気的な力が関わることを示唆して，ミクロの世界の扉を開く手がかりとなったのである．なお，ファラデーの法則の応用として，(銀の)電気分解は，電荷量を測定する手段として長い間用いられた．

では，電気分解で，水の中を流れる電流を担う電荷はなんだろうか．電気分解を精力的に研究したファラデーは，この動く電荷を，「行く」という意味のギリシャ語からとって**イオン**と呼んだ．また，＋極に金属を用いて電流を流すとその金属が－極の物質の表面に膜を作る．電気メッキである．これは，金属がイオンとなって水に溶け，流れて－極に移ったと考えられる．金属も電気的な力でできていることを示している．そして，前に作ったレモン電池の亜鉛釘の表面が溶け出しているのは，電池内部でも同じような化学作用が起こっているに違いない．金属などの元素や食塩などの電解質が，電池内部や電気分解液中でイオンになっていると考えられる．そこで，前項に続く疑問として

(**Q9**) 電池の内部，そして電気分解で何が起こっているか．イオンとは何か．

レモン電池の銅は溶けたように見えなかった．したがって電池の作用は，亜鉛と銅の電気的な性質の差によると考えられる．実は，電池の起電力の起源は，亜鉛と銅などの金属のイオン化傾向(イオンになりやすさ)の違いによる．亜鉛は銅よりイオン化傾向が強い(亜鉛のほうがよりたやすく正イオンになって電解質液に溶け出す)ので，銅棒と亜鉛棒を導線で結ぶと，溶け出した亜鉛の正イオンが電解質を通って銅棒に達し，銅極の電位が高くなる．そのため導線を通って電位の低い亜鉛極へと電流が流れる

---

*3 酸素原子 $\frac{1}{2}$ グラム当量($8\,\mathrm{g}$)と化合する原子の質量．
*4 1 モル当たり約 $96500\,\mathrm{C} = F$．ファラデー定数(当量)という．イタリック記号(電気容量の単位ファラド F は立体)．

のである．また，摩擦電気のところで見た異なる物質の接触による電荷の誘起も，物質間のミクロな電気的性質の差によると推測できる．こうして電気現象は，私たちを次第にミクロ世界へと導くのである．

電流には，摩擦電気の電荷と同じように電池の両極を結んだ導線を流れるものと，電気分解の電解質液や電池内部で流れるイオンとがあるとみなせる．これらはともに「電荷」を運ぶので，担体電流(carrier current)と呼ぶことにしよう．

電池による電流はなぜ定常的になるか

電池の両極に導線をつないでおくと，電流は安定して，時間によらなくなる．定常電流である．では，電流はなぜ定常的になるのだろう．

オームは，電池に同じ材質の導線をつなぐと，電流が電池の数と導線の断面積 S に比例し，長さ d に反比例することを見いだした(1826年)．この発見を式で書くと，電池の電圧 V が電流 I に比例し，

$$V = RI \quad \text{あるいは，} \quad I = \frac{V}{R}, \quad R = \frac{\kappa d}{S} \quad (7.1)$$

となる．比例定数 R が断面積に反比例し，長さに比例することがわかる．電圧と電流の比例関係を**オームの法則**，R を電気抵抗と呼ぶ(図7.2)．抵抗の単位はオーム($\Omega = \text{VA}^{-1}$)である．また，κ(ギリシャ文字でカッパと読む)は物質に固有の量で，電気抵抗率(比抵抗)と呼ばれる(単位は Ωm)．最も電気抵抗率の小さい銀(Ag)でも常温で $\kappa \cong 1.3 \times 10^{-8} \Omega\text{m}$ の抵抗率を持つから，どの導線も有限の電気抵抗を持つことに注意しよう．

電気抵抗は，水道の流れを電流と見れば，水量を変える蛇口に当たる電流の調節素子であり，電位差は水位とみなせる．

さて，電荷が移動するのだから，電流を引き起こすのは，電場あるいは電位の勾配である．今，電場の強さが一定で決まった方向にあるとしよう．このとき電荷は電場から一定の力を受けるから，一定加速度で電場方向に動き，速度は時間に比例して増える．これに応じて，電流も増え続け

110 ── ポイント7 ● 電池と定常電流

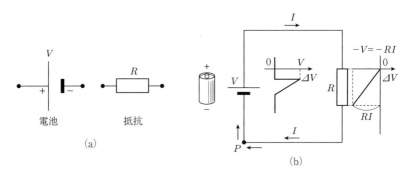

図 7.2　電気回路．(a)電池と電気抵抗の記号，(b)オームの法則

ると期待される．ところが，オームの法則によれば，電流は電位差に比例して一定値をとり，**定常電流**となる．

　電流を水の流れになぞらえたが，水にも電場同様の重力が働くにもかかわらず，通常川の流れも電流と同様定常的である．力が働くにもかかわらず，なぜ電流も水流も定常的になるのだろう．答の鍵は，抵抗にありそうである．じっさい粘り気の強い流体，たとえば水あめの中でスプーンを動かすと，抵抗を感じる．いわゆる粘性抵抗であり，速度が大きいほど抵抗力が増す．

　抵抗を取り入れると，定常的な電流が実現できるのだろうか．なるべく簡単化するために，質量 m，電荷 q の荷電粒子が，x 方向の電場 E を受けるとし，抵抗力は速度の逆符号に比例する，すなわち $-k\dfrac{dx}{dt}$, $k > 0$ としよう．ここに k は力学的抵抗係数である．荷電粒子に対する運動方程式は，

$$m\frac{d^2x}{dt^2} = qE - k\frac{dx}{dt} \tag{7.2a}$$

である．電流 I は，x 方向に垂直な断面積を S とし，荷電粒子の数密度を n_q とおけば，$I = n_q S q \dfrac{dx}{dt}$ であるから，(7.2a)を解けば，電流の振る舞いがわかる．じっさい，初期条件として $t=0$ で，$x=0$, $\dfrac{dx}{dt}=0$ を満たす解と速度は，次で与えられる．

《電池の電流はなぜ定常なのか》——111

$$x(t) = \frac{mqE}{k^2}(e^{-(k/m)t} - 1) + \frac{qE}{k}t,$$
$$\frac{dx}{dt} = \frac{qE}{k}(1 - e^{-(k/m)t}) \tag{7.2b}$$

$$I(t) = n_q S q^2 \frac{E}{k}(1 - e^{-(k/m)t}) \tag{7.2c}$$

例題 7.1

(1) (7.2b)の $x(t)$, $\dfrac{dx}{dt}$ が方程式(7.2a)を満たすことを確かめよ．
(2) 速度の解から，電流が時間とともにどう変わるかを図に示せ．

[解] (1) $\dfrac{d^2x}{dt^2} = \dfrac{qE}{k}e^{-(k/m)t}$ であるから，速度の式とあわせれば，確かに(7.2a)が満たされる．

(2) 速度の中の指数関数部分は，時間とともに減衰するから，最終的に電流は，一定値 $I_\infty = n_q S q^2 \dfrac{E}{k}$ に下から近づく（図 7.3）．なお，$t_0 = \dfrac{m}{k}$ は，減衰の時間を反映する量で，時定数と呼ばれる．

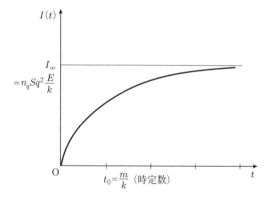

図 7.3 なぜ電流が定常的になるか

求めた電流の表式を，オームの法則の形にまとめてみよう．電場が一定値をとる範囲を d とすると（例題 6.3 の平行板キャパシターの間隔），この間に生ずる電位差は $V = Ed$ であるから，

$$I_\infty = n_q S q^2 \frac{E}{k} = \frac{S}{d}\frac{n_q q^2}{k} V = \frac{V}{R}, \quad R = \frac{d}{S}\frac{k}{n_q q^2}$$

となり，電気抵抗率 κ が力学的抵抗係数 k と，$\kappa = \dfrac{k}{n_q q^2}$ の関係で結ばれると考えてよい．なお，例題 7.1 の時定数は，抵抗率で書けば，$t_0 = \dfrac{m}{n_q q^2 \kappa}$ である．

オームの法則は，どの物質にも成り立つわけではない．すでに見た，LED のような整流作用のある素子では，一方向の電流しか流さないし，流すのにも，ある一定の電位差(閾値)がいる．また通常，オームの法則は，電流が小さい間は成り立っても，大きくなると成り立たなくなることがある．比例はしなくとも，電流が流れると電位差が生ずるという意味で，電気抵抗は常に存在する[*5]．

では抵抗の起源は何であろうか．これを新しい疑問として加えよう．

(**Q10**) 電気抵抗はなぜ生ずるか．

定常電流の電場

電流が定常的なとき，電場はどうなるのだろう．今まで電流は，導線のようにある断面を通って流れるものとしてきた．電流が複数あっても，回路あるいはとびとびの線に沿って流れるとしたのである．

ここで，電荷による電場を考えたときのことを思い出そう．点電荷の電場から出発して電荷集合の電場を重ね合わせの原理を用いて，電場あるいは電位を求めた．そして最終的には，電荷分布の場としての電荷密度を，連続極限で導入し，静電場の基本方程式 (4.8), (6.5a′), (6.5b)

$$\boldsymbol{E} = -\mathrm{grad}\, V, \quad \mathrm{div}\, \boldsymbol{D} = \rho, \quad \boldsymbol{D} = \varepsilon_0 \boldsymbol{E}$$

を与えられた条件のもとに解けばよかった．

そこで，電荷密度にならい，連続極限のもとに，場としての電流を導入

[*5] 低温にすると電気抵抗 0 となる物質(超伝導体と呼ばれる)もある．

しよう．ある点 r の周りに微小だが，差し渡しが電荷間の距離より十分長い面積要素 $\Delta \boldsymbol{S}(\boldsymbol{r}) = \Delta S \widehat{\boldsymbol{n}}$ を考える．ここに，ΔS は微小面の面積，$\widehat{\boldsymbol{n}}$ はその法線方向である．この微小面を通る電流を $I_\mathrm{C}(\boldsymbol{r})$，その方向を $\widehat{\boldsymbol{n}_I}$ としよう[*6]．電流に垂直な方向の微小面の有効断面積は，電流方向と微小面の法線方向の間の角を θ とすれば，$\Delta S(\boldsymbol{r}) \cos \theta = \Delta S(\boldsymbol{r}) \widehat{\boldsymbol{n}} \cdot \widehat{\boldsymbol{n}_I}$ に等しい．この有効断面積で電流を割れば，点 r での平均電流密度（面積当たりの電流）が，$\dfrac{I_\mathrm{C}(\boldsymbol{r})}{\Delta S(\boldsymbol{r}) \widehat{\boldsymbol{n}} \cdot \widehat{\boldsymbol{n}_I}}$ となることがわかる．この平均電流密度が，場所の関数として滑らかになる極限を連続極限とし，$\lim\limits_{\Delta S \to 0}$ と表わせば，電流密度ベクトル $\boldsymbol{j}_\mathrm{C}(\boldsymbol{r})$ を次のように定めることができる．

$$\boldsymbol{j}_\mathrm{C}(\boldsymbol{r}) \cdot \widehat{\boldsymbol{n}} = j_\mathrm{C}(\boldsymbol{r}) \widehat{\boldsymbol{n}_I} \cdot \widehat{\boldsymbol{n}} = \lim_{\Delta S \to 0} \frac{I_\mathrm{C}(\boldsymbol{r})}{\Delta S(\boldsymbol{r})} \tag{7.3}$$

場としての電流密度が満たすべき条件は，電荷の保存則である．定義より面素 $d\boldsymbol{S}$ を単位時間に通過する電荷は $\boldsymbol{j}_\mathrm{C} \cdot d\boldsymbol{S}$ であるから，この量を閉曲面 S について積分すれば，S から流れ出る電荷の総量が得られる．一方，S を囲む体積領域を $\mathrm{V_S}$ とすれば，$\mathrm{V_S}$ の中の総電荷量は，この領域についての電荷密度の体積積分に等しいから，電荷保存の条件は，閉曲面 S から流れ出る電荷は電荷密度の体積積分の時間変化率の逆符号に等しくなければならない．

$$\int_\mathrm{S} \boldsymbol{j}_\mathrm{C}(\boldsymbol{r}) \cdot d\boldsymbol{S} = -\frac{\partial}{\partial t} \left\{ \int_\mathrm{V_S} \rho_\mathrm{C} \, d^3 \boldsymbol{r} \right\} \tag{7.4a}$$

上式の左辺を，ガウスの定理により電流密度の発散の体積積分に書き直せば，積分領域は任意だから，電荷保存は，電流密度の発散が電荷密度の変化率の逆符号に等しいことを主張する．すなわち，

$$\int_\mathrm{V_S} \mathrm{div} \boldsymbol{j}_\mathrm{C} \, d^3 \boldsymbol{r} = -\frac{\partial}{\partial t} \int_\mathrm{V_S} \rho_\mathrm{C} \, d^3 \boldsymbol{r}$$

[*6] 電流が荷電粒子の流れ（担体電流）であることをはっきりさせるため添え字 C を付ける．今までに出てきた荷電粒子による電荷密度 ρ は ρ_C と理解する．

$$\longrightarrow \quad \mathrm{div}\boldsymbol{j}_\mathrm{C} = -\frac{\partial \rho_\mathrm{C}}{\partial t} \quad \text{(電荷保存則)} \tag{7.4b}$$

電流が定常的なときは，電荷密度は時間変化しないから，

$$\mathrm{div}\boldsymbol{j}_\mathrm{C} = 0, \quad \frac{\partial \rho_\mathrm{C}}{\partial t} = 0 \quad \text{(定常状態での電荷保存則)} \tag{7.4c}$$

いま，媒質は導体であるとし，オームの法則が成り立つと考えよう．式(7.1)は電流密度で書き換えると，

$$V = RI_\mathrm{C} = \rho \frac{I_\mathrm{C}}{S} d = \rho j_\mathrm{C} d = \frac{j_\mathrm{C}}{\sigma} d \longrightarrow \frac{V}{d} = E = \sigma j_\mathrm{C} \tag{7.5}$$

となる．ここに，$\sigma = 1/\rho$ は，抵抗率の逆数で，電気伝導率と呼ばれ，電気の通りやすさを表わす．電気伝導率で表わすと，オームの法則は，

$$\boldsymbol{E} = \sigma \boldsymbol{j}_\mathrm{C} \tag{7.6}$$

となる．

定常電流のつくる電場は，式(4.8)，電荷保存則(7.4c)にオームの法則(7.6)を加えた次の3つ，

$$\boldsymbol{E} = -\mathrm{grad}V, \quad \mathrm{div}\boldsymbol{j}_\mathrm{C} = 0, \quad \boldsymbol{j}_\mathrm{C} = \boldsymbol{E}/\sigma \tag{7.7}$$

で決められる．これらを，この項の初めに挙げた静電場を決める式と比べてみよう．一番目の電場を電位で与える関係は同じであり，三番目の関係で，

$$\boldsymbol{j}_\mathrm{C} \Longleftrightarrow \boldsymbol{D}, \quad \sigma \Longleftrightarrow \varepsilon_0 \tag{7.8}$$

という対応が見てとれる．加えて，静電場の二番目の関係において媒質のない空間では電荷密度が消える($\rho = 0$)から，対応(7.8)は完全なものとなる．これらより，定常電流の電場を求めることは，静電場を求めることと同等となるから，後者の数理的解析がそのまま適用できる．

抵抗があると熱が出る —— ジュール熱

ポイント 5 で詳しく述べたように，電位は電気的ポテンシャルを表わした．電荷 q の荷電粒子が電位差 V だけ電位を下げれば，荷電粒子は qV だけエネルギーを得るということになる．一方，同種の荷電粒子が，数密度 n_q で断面積 S を平均速度 v_q で通過するとしよう．この断面を単位時間内に通る粒子の数は $n_q v_q S$ であるから，これに電荷をかければ，電流 I は $I = I_C = n_q q v_q S$ となる．したがって，この電流が通過する部分の電位差が V なら，電流は単位時間当たり，

$$W = n_q q v_q S V = IV \tag{7.9a}$$

の電気的エネルギーを獲得する．**電位差を通過する電流は，単位時間当たり「電位差×電流」に等しいエネルギーを発生する．**もし電位差が，電気抵抗によるものならば，オームの法則から，式(7.9a)は，

$$W = IV = RI^2 = \frac{V^2}{R} \tag{7.9b}$$

と書き換えられる．

電流が電位差により発生するエネルギーは，ジュール熱と呼ばれる熱となる．これはジュールが，導線に電流を流すと熱が発生することを見いだし，電流で発生するエネルギー(仕事)が，力学的仕事と同じく熱に換算しうることを見出したことにちなむ(**熱と仕事の等価性**，1840 年).

ジュール熱の単位は単位時間当たりの 仕事 = 仕事率，すなわち $\mathrm{Js^{-1}}$ であるが，蒸気機関を改良したワットにちなんでワット W と呼ぶ($\mathrm{W} = \mathrm{Js^{-1}}$)．電気器具の消費電力や車の馬力をワットで表わすのは，消費されたり生み出される単位時間当たりのエネルギーを表わすためである．一方，電気代は消費電力に使用時間をかけた積算電力量(ワット時 $\mathrm{Wh} = \mathrm{J} \times 3600$)，つまり使った電気的エネルギーの代価として払うものである．

電気抵抗で発生するジュール熱については，**抵抗に比例し電流の 2 乗**

に比例する熱が単位時間当たり発生する$(W = RI^2)$．この表式は，定電流の場合に有効である．また，電池につないだときのように定電圧の場合には，電圧の2乗に比例し抵抗に反比例する熱が単位時間当たり発生する$\left(W = \dfrac{V^2}{R}\right)$とすると便利である．例題で慣れよう．

例題 7.2

(1) 抵抗が同じとき，電流を倍にするとジュール熱は何倍になるか．

(2) 電圧が同じとき，抵抗を半分にするとジュール熱は何倍になるか．

(3) 豆電球に電圧が 2.5 V, 電流が 0.3 A と表記してある．期待される抵抗を求めよ．テスターで実測したら，抵抗は 6 Ω であった．計算値と実測値を比べ，なぜ差が出たかを考察せよ．

[解] (1) 電流の2乗に比例するから，ジュール熱は4倍．実行に際しては安全に配慮しよう．

(2) 抵抗に反比例するから，発熱量は2倍になる．やはり安全に配慮しよう．ニクロム線が切れた電熱器を途中からつないで使い，火災を起こした例もある．

(3) $R = V/I = (2.5\,\mathrm{V})/(0.3\,\mathrm{A}) = 8.3\,\Omega$. この値は，通電して点灯しているときのものだから(動作時)，熱による温度上昇で，抵抗が通電していないときより増えたと考えられる．

電気抵抗は，温度を上げると増えると考えられる．温度は，物質の構成要素(分子など)の熱運動の激しさを反映するから，抵抗は，分子などの熱運動に依存すると推測できよう．これは，(Q10)を探るためのよいヒントとなりそうである．

抵抗があると，電流が定常的になるだけでなく，熱になってエネルギーが逃げ，エネルギー保存則は成り立たなくなる．

電気回路とキルヒホッフの法則

電池に電気抵抗やキャパシターなどを導線でつないだものを**電気回路**という．導線は，理想化して抵抗をもたないとする．電池は電位差をもたらし，回路のエネルギー源となるので電源ともいわれ，抵抗やキャパシターなどは**回路素子**と呼ばれる．回路には電流が流れ，素子の両端には電位差が現れる．電流は電荷の流れであり，電位差はポテンシャル差に対応するから，電気回路にも，電荷とエネルギーの保存則に対応する法則があるはずである（キルヒホッフ，1849年）．短くまとめると，回路の基本法則（**キルヒホッフの法則**）は次のように表わすことができる．

(I) 回路中の分岐点に流れ込む電流の総和はゼロ．電流を含めた電荷の保存則が成り立つ．

(II) 回路中の任意の点から回路を1周して元に戻るときの電位差（電源と抵抗を含める）はゼロ．エネルギーの保存則が成り立つ（図 7.4）．

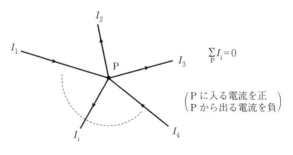

図 7.4　キルヒホッフの法則

キルヒホッフの第1法則（I）は，分岐点で電荷の湧き出しも吸い込みもないことを示す．キルヒホッフの第2法則（II）は，ポテンシャルが回路を巡る任意の道筋によらないことを意味する（ポイント4参照）．

アンペールの法則と
ビオ-サバールの法則

　電流のもたらす現象のうちで，もっとも目覚しいものは磁気である．電荷は，静止しているときは電場をつくるが，運動すると磁場もつくる．
　ここでは，時間的に変化しない定常電流が，時間的に変化しない磁場（静磁場）をつくることを見る．こうしてつくられた磁場が，電流の周りにどういうふうに分布し，磁石や他の電流に対しどういう力を及ぼすか．静磁場に対する基本法則を導く．

電流が磁場をつくり出す

電流が磁場をつくることは，偶然発見された．この発見の後に，すぐさま電流と磁場に関する重要な実験的発見と理論的解析が続く様子を見よう．

1820年公開実験をしているとき，デンマークのエルステッドは電流のそばに置いた磁針が動くことに気づいた．電気と磁気が直接結びつくことの発見である．この知らせはすぐに広まって，フランスではアンペール，ビオ，サバールたちが電流間の力と電流のつくる磁場を，イギリスではファラデーが電磁回転(モーター)を発見するのに1年を要しなかったという．電気分解や電気メッキを含めると，ボルタによる電池の発明がいかに電磁気学の進歩をうながしたかがわかる．これから，電流の磁気作用を見ていこう．

まず，エルステッドの実験をやってみよう(図8.1)．

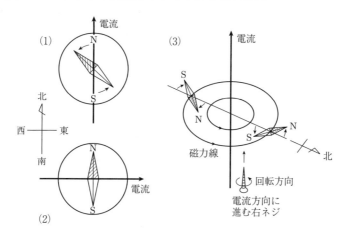

図8.1 電流が磁針を動かす(エルステッドの実験)

──── 実験 8.1（電流が磁針を動かす：エルステッドの実験）────
　　用意するもの　方位磁石，電池(単1)数個，ワニグチクリップつ

き電線(できたら豆電球をつなぐ).

　注意　まわりに金属類を置かないこと．各実験で電池の数を変えてみること．

(1) 机の上に置いた方位磁石に，電池につないだ電線を真上から水平に保ちながら近づける．はじめは，電線を南北に向ける．電線と磁石の距離を変え，電流の方向も逆転してみる(電線を逆向きにする)こと(以下同様)．

(2) 次に上と同じことを電線が東西の向き，および他の方向にして試みよ．

(3) 方位磁石を机の上に固定し，電線を鉛直にして距離と位置を変えて，電流の向きも逆にしてみる．電線の位置を変えるとき，磁針の動きを追うこと．

[結果] (1), (2) 磁針のふれは，電線と磁針の距離が近いほど大きく，電線が南北方向(電流 // 磁針)のとき最大，東西方向(電流 ⊥ 磁針)ではほとんどゼロである．また電流の向きを逆にすると，磁針のふれも逆になった．電池の数が増えると，磁針のふれも大きくなった．

(3) 磁針は，電流(電線)の動きにつれ**電流方向に進む右ネジの回転方向に向く動きをした**．

エルステッドの実験をまとめると次のようになる．

(a) 電流は磁場をつくる．
(b) 電流からの距離が近いほど，その磁場は大きい．
(c) 電流による磁場は，電流方向に進む右ネジの回転方向に向く．

詳しく調べると，電流によってつくられた磁場は，ポイント2で述べた磁石による磁場とまったく同じ効果を示す．磁石による磁場と電流による磁場は，同じものなのである．なお，実験8.1で豆電球を直列に(電線に沿って)つなぐのは，電線自体の持つ抵抗でのジュール熱による加熱を抑えるためである．実は，電池自身が小さいながら電気抵抗(内部抵抗)を持つから，電池内部でも発熱して，場合によっては危険が生ずる．長時間電流を

流したままにしないようにしよう．また，電池や電気器具は指定通り使用し，コンセントに差し込んだプラグをときどき掃除するようにしよう．汚れると電気抵抗が生じ，発火する危険がある．

電流間に力が働く

電流が磁場をつくるならば，磁場中に置かれた電流，および2つ以上の電流の間にも力が働くはずである．こう考えたアンペールとビオとサバールは，エルステッドの実験結果を知ってすぐ実験を行なった．

われわれも実験してみよう．しかしその前に，エルステッドの実験の結果から電流間の力について予想してみよう．結果(3)より，磁力線は電流方向に進む右ネジの回転方向を向くから，電流が直線的なら，その方向はいつも同じである．そこで，2本の電流が平行で，同じ向きに流れていれば，電流の間の磁力線は，互いに逆向きであるから，互いに引き合う力を生む(図8.2(a))．他方，電流の向きが逆なら，電流間の磁力線は互いに同じ向きだから，力は反発するように働くであろう(図8.2(b))．

おそらくアンペールやビオとサバールも行なったであろうこの予想を，じっさいに確かめてみよう．

――― **実験 8.2**（電流間の力：アンペールの実験） ―――

用意するもの エナメル線（絶縁皮膜を塗った導線）数 m，乾電池 16 個，電池ホルダー 8 個，ワニグチクリップつき電線数本，50 g 程度の重り 4 個．

準備 エナメル線の両端に重りを付けて吊り下げ，本棚に固定したフック 2 個の間に平行に掛け渡す．エナメル線の間隔は 1.5 cm 程度．

(1) **逆向電流の場合** 長さ 2〜3 m ほどのエナメル線をループにし，両端に電池を直列に 8 個つないで通電し，線の間隔がどうなるかを見よ（図 8.2(b)）．

(2) **同方向電流の場合** 長さが 4 m 程度のエナメル線 2 組で 2 本のループを作り，重りを吊るした部分を平行にしてそれらの間

隔を 1.5 cm 程度に保つ．エナメル線の残る部分は，吊るした部分からできるだけ遠ざけておく．それぞれのループに電池 8 個ずつを直列で同じ向きにつないで電流が同方向になるように通電し，線の間隔がどうなるかを見よ（図 8.2(a)）．

[結果]　(1) 逆向電流では，電線の間隔が開いた．力は斥力である．
(2) 同方向電流では，電線の間隔が縮まった．力は引力である．

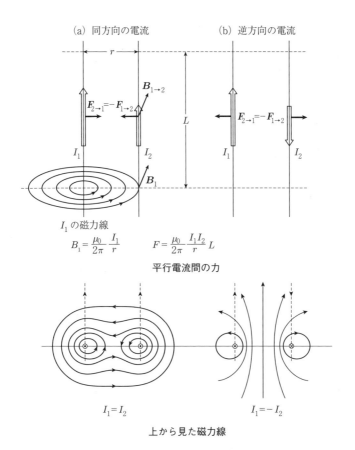

$$B_1 = \frac{\mu_0}{2\pi} \frac{I_1}{r} \qquad F = \frac{\mu_0}{2\pi} \frac{I_1 I_2}{r} L$$

平行電流間の力

上から見た磁力線

図 8.2　平行電流間の力．(a)同じ方向のとき，(b)逆方向のとき

予想通りの実験の結果が得られた．

アンペールとビオとサバールは彼らの実験結果の分析を，前に述べた遠隔作用説のもとに行なったので，その結果の考察もすっきりしない．ここでは，場の考えに沿って彼らの結果をまとめよう．

運動する電荷に働く力——ローレンツ力

アンペールの実験 8.2 から磁場中の直線電流には力が働く(図 8.3)．

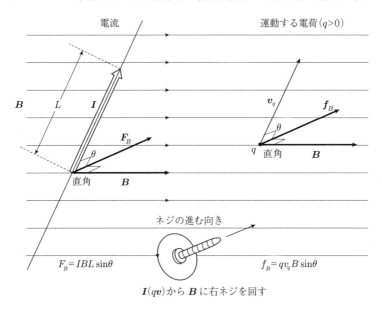

図 8.3　運動する電荷に働く力(ローレンツ力)

詳しく分析すると，磁束密度ベクトル B の大きさを B，電流を I とし，電流と B のなす角を θ とすると電流の長さ L の部分に働く力 F_B は，

> **大きさ**　$F_B = IBL\sin\theta$
>
> **方向**　電流と磁力線のつくる平面に垂直で，電流から磁力線の向きに回した右ネジの進行方向 $\hat{n}$ である．

ベクトルでまとめて書くと,

$$\boldsymbol{F}_B = F_B \widehat{\boldsymbol{n}} = IBL\sin\theta\, \widehat{\boldsymbol{n}} \qquad (8.1)$$

もう少し立ち入って考えてみよう. ポイント7で考えたように, 電流が, 電荷 q を持ち, 平均速度 v_q で動く数密度 n_q の同種粒子の流れによるものとしよう. 電流の断面積を S とすれば, $I = qv_q n_q S$ である. 1個の粒子にかかる力を $\boldsymbol{f}_B$ とおけば, 断面積 S, 長さ L の部分にある粒子の総数は $n_q SL$ だから, $\boldsymbol{F}_B = n_q SL \boldsymbol{f}_B$ である. これを式(8.1)と比べれば, 1個の電荷 q に働く力 $\boldsymbol{f}_B$ は,

$$\boldsymbol{f}_B = qv_q B \sin\theta\, \widehat{\boldsymbol{n}} \qquad (8.2)$$

となる. 磁場中を運動する電荷には電流と同じく力が働く. この力の方向は, $\boldsymbol{v}_q$ と $\boldsymbol{B}$ のつくる平面に垂直で, $q\boldsymbol{v}_q$ から磁力線の向きに回した右ネジの進行方向である[*1].

磁場 $\boldsymbol{B}$ の他に電場 $\boldsymbol{E}$ もあれば, 電荷は電場から $\boldsymbol{f}_E = q\boldsymbol{E}$ の力を受けるから, 運動する荷電粒子に働く力 $\boldsymbol{f}$ は, 重ね合わせて,

$$\boldsymbol{f} = \boldsymbol{f}_E + \boldsymbol{f}_B = q\boldsymbol{E} + qv_q B\sin\theta\, \widehat{\boldsymbol{n}} \qquad (8.3)$$

となる. この力を**ローレンツ力**といい, 電磁場中の荷電粒子に働く基本的な力を与える. なお, $\boldsymbol{F}_B$ や $\boldsymbol{f}_B$ を狭い意味のローレンツ力ということもある. 荷電粒子に作用するローレンツ力 $\boldsymbol{f}_B$ は, 速度ベクトル, 言い換えると粒子の移動方向に垂直であるから, 結局, 磁場は電荷に対して仕事をしないことに注意しよう.

式(8.3)は, 任意の電場と磁場について成り立つうえ, 力が直接しかも精密に測定できることから, 逆に電場および磁場の実用的定義を与える. とくに, 力や電流は容易に測れるから, 式(8.2)または(8.3)は磁束密度ベクトルの正確な定義を与える. SI単位系での磁束密度の単位は, テスラ

[*1] 電荷の符号が負なら, 電流の向きは速度と逆になることに注意. 式(8.2)の左辺は, ベクトルの外積で $q\boldsymbol{v} \times \boldsymbol{B}$ と書くことができる(式(5.6)を見よ).

と呼ばれ $T=NA^{-1}m^{-1}$ である．また磁束は磁束密度に面積をかけた量だから，磁束の単位は，$Tm^2=NA^{-1}m=Wb$ で，ウェーバーと呼ばれる．

平行電流の間の力——アンペールの力の法則

実験8.2で見たように，平行な直線電流の間には，力が働く．詳しく調べると，間隔が r の平行電流 I_1, I_2 の間には，電流の積と長さ L に比例し，距離 r に反比例する力が，平行電流を含む面内に働き，方向は電流に垂直で，電流が同じ向きなら引力，逆向きなら斥力である(**アンペールの力の法則**，図8.2(a)(b))．式で書くと，

$$F = \beta \frac{I_1 I_2}{r} L, \quad 真空中で \beta = \frac{\mu_0}{2\pi} \tag{8.4}$$

電流 I_1 が電流 I_2 に及ぼす力は，電流 I_2 が電流 I_1 に及ぼす力と同じ大きさで，逆向きであり，ニュートンの第3法則(作用反作用の法則)を満たす．

なお，真空における比例定数は，SI単位系では $\beta = \frac{\mu_0}{2\pi}$，$\mu_0 = 4\pi \times 10^{-7} NA^{-2}$ である．μ_0 は真空の透磁率と呼ばれる量である．透磁率は媒質で異なる．なお，電流のSI単位は，アンペールの力の法則から定義される．すなわち，

> 1m離れて平行に同じ電流 I を流す際，電流の長さ1mごとに作用する力が 2×10^{-7} N のときの電流の値を1アンペア(1A)と定める．

以前はクーロンの法則や電気分解で電荷の単位を定めていたが，電荷でなく電流を電磁気の単位に取るようになったのは，電流測定の方が精度が良く，実用的だからである．改めて言うと，電荷の単位クーロンCは，SI単位系に属し，$C = s \cdot A$ と書かれる．これまでの，長さ(m)，質量(kg)，時間(s)を基本とするMKS単位に電流(A)を加えた単位系をMKSA 4元単位系と呼ぶ．これら4つは，SI基本単位に属する．

また，電流の磁気作用を利用して，精密な電流計および電圧計が工夫さ

れ，電磁気現象の定量化が飛躍的に進んだ．これまでに，いくつかの実験で用いたテスターも，電流・電圧の測定器である．電流計(A)は，回路の導線に**直列に**(**導線に沿って**)つなぐ(図 8.4(a))が，電流の値を変えないような小さい電気抵抗のものを選ぶ．電圧計(V)は，測定したい部分に**並列に**(**回路に平行に**)つなぐ(図 8.4(b))．

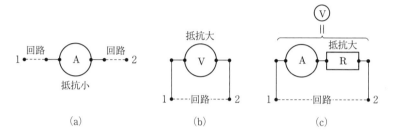

図 8.4 電流計(A)と電圧計(V)による測定．(a)電流計：直列つなぎ，(b)電圧計：並列つなぎ，(c)電流計を電圧計として使う

例題 8.1

電流計を用いて，回路の電圧(電位差)を測る工夫を考えよ．補助として，適当な電気抵抗を用いてよい．

[解] 電流計に大きい抵抗を直列につないだものを，測定したい回路に並列につなぐ(図 8.4(c))．こうすれば，測定部分の電流変化を微小にとどめられるから，電位差への影響も小さくてすむ．∎

電流のつくる磁場 ── ビオ-サバールの法則

アンペールの力は，一方の電流(I_1 としよう)がつくる磁場の中で他方の電流(I_2)が受ける力と考えることができる．磁場は I_1 を中心とする円に沿うから，平行電流 I_2 と直交する．そこで式(8.1)で $\theta = \dfrac{\pi}{2}$ としアンペールの力(8.4)を $F = \left(\dfrac{\mu_0}{2\pi}\dfrac{I_1}{r}\right)I_2 L$ と書いて両方の力を比べれば，電流 I_1 がつくる磁場の磁束密度は $B_1(r) = \dfrac{\mu_0}{2\pi}\dfrac{I_1}{r}$ とみなせる．この磁場の

方向は，電流 I_1 の向きに進む右ネジの回転方向である．まとめると，直線電流 I から r 離れた点にできる磁束密度は，

$$\text{大きさ} \quad B(r) = \frac{\mu_0}{2\pi}\frac{I}{r}$$
$$\text{方向} \quad \text{電流の向きに進む右ネジの回転方向} \tag{8.5}$$

で与えられる（ビオ-サバールの法則[*2]）．こうして，電流が磁場の源であることがわかった．また実験により，2つ以上の電流があるときの磁場は，各電流のつくる磁束密度ベクトルの和である（図8.2）．**磁場についても重ね合わせの原理が成り立つ．**

上で見た磁場は，直線電流によるものであった．さらに進んで，任意の形の電流が，場としての磁束密度をどう形成するかを見たい．しかしそのためには，少し立ち入った数学的分析がいるので，ここには，その結果だけを挙げよう．

電流をループ（I-loop）状にとれば，任意の形を選べて，その磁場は，ループに沿っての線積分で，

$$\boldsymbol{B}(\boldsymbol{r}) = \frac{\mu_0}{4\pi}I\oint_{\text{I-loop}}\frac{d\boldsymbol{r}'\times\boldsymbol{R}}{R^3} = \frac{\mu_0}{4\pi}\oint_{\text{I-loop}}\frac{Id\boldsymbol{r}'\times(\boldsymbol{r}-\boldsymbol{r}')}{|\boldsymbol{r}-\boldsymbol{r}'|^3} \tag{8.6a}$$

と与えられる．ベクトルの外積で表現される理由は以下に述べる．ただし，$\boldsymbol{R}=\boldsymbol{r}-\boldsymbol{r}'$ は，磁束密度を考える位置ベクトル $\boldsymbol{r}$ の点Pと，ループ上の積分点 $\boldsymbol{r}'$ の間の相対ベクトルである．これより，電流素片 $Id\boldsymbol{r}'$ による微小磁場 $d\boldsymbol{B}$ は，点Pと素片の距離の2乗に反比例して，$\boldsymbol{R}$ と $d\boldsymbol{r}'$ のなす角 θ の正弦に比例し，両ベクトルのつくる平面に垂直である（ゆえに，ベクトル表示はベクトルの外積で表現される）．

$$d\boldsymbol{B} = \frac{\mu_0}{4\pi}\frac{Id\boldsymbol{r}'\times\boldsymbol{R}}{R^3}, \quad \text{大きさは} \quad dB = \frac{\mu_0}{4\pi}\frac{Idr'\sin\theta}{R^2} \tag{8.6b}$$

これらの法則にも，ビオ-サバールの名が付けられている．

さらに，ポイント7の「定常電流の電場」で考えた連続分布の電流による

[*2] 場の概念を用いなかったビオとサバールは，この表現とは別の形で結果を表わした．

磁場を求めよう．電荷 q の同種の荷電粒子が数密度 n_q で分布していて，平均の速さ v_q で微小断面 dS を通過するとすれば，電流の大きさは $I = I_\mathrm{C} = n_q q v_q dS = j_\mathrm{C} dS$ に等しい．ここに j_C は，(7.3)で導入した担体電流密度の大きさに対応する．電流は，電流素片 $I_\mathrm{C} d\boldsymbol{r}' = I_\mathrm{C} dr' \widehat{d\boldsymbol{r}'}$ 方向に流れる．体積要素を $dV' = dS\,dr'$ と置けば，$I_\mathrm{C} d\boldsymbol{r}' \widehat{d\boldsymbol{r}'} = dS\,dr'\,j_\mathrm{C}\widehat{d\boldsymbol{r}'} = dV'\,\boldsymbol{j}_\mathrm{C}(\boldsymbol{r}') = \boldsymbol{j}_\mathrm{C}(\boldsymbol{r}')d^3\boldsymbol{r}'$ であるから，(8.6a)の連続極限は，電流密度ベクトルの体積積分，

$$\boldsymbol{B}(\boldsymbol{r}) = \frac{\mu_0}{4\pi} \int \frac{\boldsymbol{j}_\mathrm{C}(\boldsymbol{r}') \times (\boldsymbol{r} - \boldsymbol{r}')}{|\boldsymbol{r} - \boldsymbol{r}'|^3} d^3\boldsymbol{r}' \tag{8.6c}$$

となる．この表式は，電流の場がつくる磁場を与える．これがビオ–サバールの法則の最も一般的な表現である．

例題 8.2

十分大きなループ電流に(8.6a)を当てはめて，ビオ–サバールの直線電流による磁場(8.5)を導け．［ヒント］磁場は，直線の周りに軸対称だから，例題 4.8 で用いた円柱座標で考えよ．また，

$$\int dz \frac{1}{(z^2 + \rho^2)^{3/2}} = \frac{z}{\rho^2 \sqrt{z^2 + \rho^2}} + \mathrm{constant}$$

を用い，z 積分の端点を $\pm L$ と置いて，$\rho/L \to 0$ の極限をとれ．

［解］直線を z 軸とする円柱座標をとれば，積分は z 軸に沿うから，$\boldsymbol{r}' = (0, 0, z')$，$\boldsymbol{R} = (\rho\cos\phi, \rho\sin\phi, z - z')$ より，$d\boldsymbol{r}' \times \boldsymbol{R} = (-\rho\sin\phi, \rho\cos\phi, 0) = \rho\widehat{\boldsymbol{\phi}}$ を代入して，(8.6a)は次のようになる．

$$\boldsymbol{B}(\boldsymbol{r}) = \frac{\mu_0 I_\mathrm{C}}{4\pi}\rho\widehat{\boldsymbol{\phi}} \int_{-L}^{L} \frac{dz}{(z^2 + \rho^2)^{3/2}} = \frac{\mu_0 I_\mathrm{C}}{4\pi}\widehat{\boldsymbol{\phi}}\left\{\frac{z}{\rho\sqrt{z^2 + \rho^2}}\right\}\bigg|_{-L}^{L}$$
$$= \frac{\mu_0 I_\mathrm{C}}{2\pi\rho}\widehat{\boldsymbol{\phi}}$$

上の結果は，$\rho = r$ とおけば，磁場の大きさが(8.5)に等しく，$\widehat{\boldsymbol{\phi}}$ は z 周りの偏角の方向ベクトルであり，電流方向に進む右ネジの回転方向に他な

らないから，確かにビオ-サバールの実験結果を再現する．

ビオ-サバールの法則(8.6c)から，電流による磁場に発散がないことを示すことができる．

---- 例題 8.3 ----

式(8.6c)より $\mathrm{div}\boldsymbol{B} = 0$ を示せ．ただし $\boldsymbol{r} \neq \boldsymbol{r}'$ とする．

[解] $\boldsymbol{r} \neq \boldsymbol{r}'$ のとき微分が実行できるから，

$$\mathrm{div}\left\{\frac{\boldsymbol{r}-\boldsymbol{r}'}{|\boldsymbol{r}-\boldsymbol{r}'|^3}\right\}$$
$$= \frac{3}{|\boldsymbol{r}-\boldsymbol{r}'|^3} - 3\frac{(x-x')^2+(y-y')^2+(z-z')^2}{|\boldsymbol{r}-\boldsymbol{r}'|^5}$$
$$= 0$$

これまでは，単独の磁荷がないことを磁場の発散がない根拠とした(3.16a, b)が，例題 8.3 の結果，電流による磁場の発散も消えることが示せた．

$$\mathrm{div}\boldsymbol{B} = 0 \quad (\boldsymbol{B} \text{ は電流による磁場}) \tag{8.7}$$

単独の磁荷が存在しないことを表わす(3.16b)同様，電流による磁場も発散をもたない．これは，後でベクトルポテンシャルを導入する際有用となる．

静磁場についてのアンペールの法則

電流が磁場をつくることを見てきた．では，電場の源である電荷をガウスの法則で電場から取り出したように，磁場から電流を取り出すことができないだろうか．

その手がかりは，ビオ-サバールの法則(8.5)にある．この式の両辺に，電流を中心とする半径 r の円の円周 $2\pi r$ をかければ，$2\pi r B(r) = \mu_0 I$ となって，右辺は距離によらず，円を貫く電流が取り出せる．この関係は一般化できて，

> 閉じた曲線 C の周りに沿って磁場を(線)積分した量は，閉曲線 C を縁とする開曲面を貫く電流の総和と透磁率の積に等しい

と表わすことができる．ただし，電流の符号は，閉曲線を回る向きに進む右ネジの回る向きを正と定める(図 8.5)．

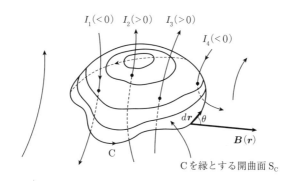

図 8.5 アンペールの法則

これを**静磁場についてのアンペールの法則**という．式で書くと，

$$\oint_C \boldsymbol{B}(\boldsymbol{r}) \cdot d\boldsymbol{r} = \mu_0 \sum I_i \quad \text{アンペールの法則(積分形)} \quad (8.8\text{a})$$

となる．ただし，$\oint_C$ は C を回る線積分(循環)であり，右辺の和は C を縁とする開曲面 S_C を貫く電流についてだけとる．$\boldsymbol{B}(\boldsymbol{r})$ と $d\boldsymbol{r}$ のなす角を θ とすれば $\boldsymbol{B}(\boldsymbol{r}) \cdot d\boldsymbol{r} = B(\boldsymbol{r}) dr \cos\theta$ である(ベクトルの内積(3.11a,b)参照)．閉曲線 C が直線電流を中心とする円のとき，磁場は円に沿うから $\theta = 0$ であったために(8.8a)の線積分が簡単になることに注意しよう．

アンペールの法則(8.8a)の微分形を求めよう．左辺の線積分に対し，ポイント 4 で示したストークスの定理(4.3)を適用すれば，左辺は rot $\boldsymbol{B}$ の S_C 上の面積分となる．

$$\oint_C \boldsymbol{B}(\boldsymbol{r}) \cdot d\boldsymbol{r} = \int_{S_C} \text{rot} \boldsymbol{B} \cdot d\boldsymbol{S}$$

他方，右辺の S_C を貫く電流 $\mu_0 \sum I_i$ は，連続極限により導入した担体電

流密度を用いれば,$\mu_0 \int_{S_C} \boldsymbol{j}_C \cdot d\boldsymbol{S}$ と表わされる.結局,電流密度に対するアンペールの法則は,

$$\oint_C \boldsymbol{B} \cdot d\boldsymbol{r} = \int_{S_C} \mathrm{rot}\, \boldsymbol{B} \cdot d\boldsymbol{S} = \mu_0 \int_{S_C} \boldsymbol{j}_C \cdot d\boldsymbol{S} \qquad (8.8\mathrm{b})$$

である.面 S_C は任意だから,これよりアンペールの法則の微分形が得られる.

$$\mathrm{rot}\, \boldsymbol{B} = \mu_0 \boldsymbol{j}_C(\boldsymbol{r}) \quad \text{アンペールの法則(微分形)} \qquad (8.8\mathrm{c})$$

電流密度のつくる磁場について,例題で考えよう.

─── 例題 8.4 ───

半径 a の無限に長い導体円柱内部を,円柱方向に一様な密度で電流が流れている.円柱内外の磁場を求めよ.

[解] 円柱の中心軸を z 方向とすれば,電流密度は,$\boldsymbol{j}_C = j_C \widehat{\boldsymbol{z}}$ であり,磁場は軸対称で,軸からの距離のみに依存し,電流方向に進む右ネジの回転方向の渦となる(図 8.6(a)).ポイント4 で見た,円柱座標を用いれば,半径 ρ における磁場は,偏角方向 $\widehat{\boldsymbol{\phi}}$ にあり,$\boldsymbol{B}(\rho) = B(\rho) \widehat{\boldsymbol{\phi}}$ と書ける.周回積分を半径に沿って行なえば $d\boldsymbol{r} = \rho \widehat{\boldsymbol{\phi}} d\phi$ であることに注意して,円柱内外でのアンペールの法則から($I_C = \pi a^2 j_C$ は全電流),

(内部) $\rho \leqq a$ のとき

$$2\pi \rho B = \mu_0 j_C \pi \rho^2 \quad \longrightarrow \quad B = \frac{1}{2}\mu_0 j_C \rho = \frac{1}{2}\mu_0 I_C \rho / \pi a^2$$

(外部) $\rho > a$ のとき

$$2\pi \rho B = \mu_0 j_C \pi a^2 \quad \longrightarrow \quad B = \frac{1}{2}\mu_0 j_C a^2 / \rho = \frac{1}{2}\mu_0 I_C / \pi \rho$$

磁場の大きさの半径依存は図 8.6(b) に示す通りである.

アンペールの法則の応用

アンペールの法則の応用例を挙げよう.ガウスの法則の応用で見たよう

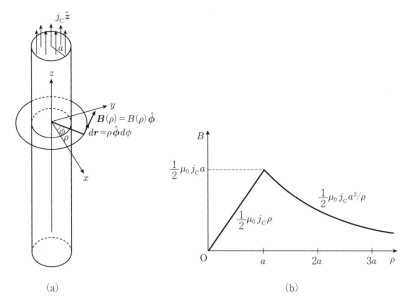

図 8.6 円柱電流のつくる磁場. (a)磁場の構造, (b)磁場の大きさの半径依存

に,重ね合わせの原理と対称性をうまく使おう.

まず,図 8.7 のようなコイル(ソレノイドという)に電流 I を流してみる.ソレノイドの 1m 当たりの巻き数を n としよう.ソレノイドは,円電流の重ね合わせと見なせるから対称性により,磁場の動径方向の成分は消しあい,軸方向成分だけが残る.アンペールの法則(8.8a)の閉曲線を,軸に平行においた長方形にとり,その軸に平行な辺の長さを ℓ とし,長方形の位置について図のように分けて考える.

(a) 長方形がソレノイドの外にあるとき:$(B_1' - B_2')\ell = 0 \to B_1' = B_2'$ であるから,ソレノイドの外の磁場はソレノイドからの距離によらず一定である.そこで,無限遠での磁場を 0 とすれば,外部の磁場は $B' = 0$.

(b) 長方形がソレノイドの中にあるとき:$(B_1 - B_2)\ell = 0 \to B_1 = B_2$ だから,内部の磁場 B は一定である.

(c) 長方形がソレノイドを切るとき:$B\ell = \mu_0 n \ell I \to B = \mu_0 n I$.

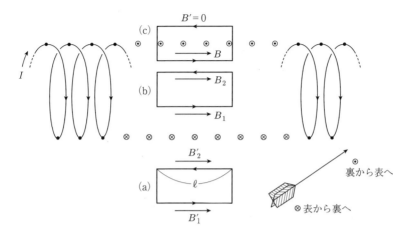

図 8.7 ソレノイドのつくる磁場．(a)長方形がソレノイドの外にあるとき，(b)長方形がソレノイドの中にあるとき，(c)長方形がソレノイドを切るとき（$B\ell = \mu_0 n\ell I \rightarrow B = \mu_0 nI$）

以上により，巻き数 n のソレノイドのつくる磁場は，大きさが

$$\text{ソレノイド内部で } B = \mu_0 nI, \quad \text{外部で } B = 0 \tag{8.9}$$

であり，方向はソレノイドの軸に平行で，電流方向に進む右ネジの回る向きである（コイルの巻き方を逆にすれば，磁場の向きも逆になる）．

ソレノイド（コイル）の中に鉄の芯を入れると磁力線が集中されてよい電磁石をつくることができる．この方法で，電磁石をつくってみよう．

――― 実験 8.3 ―――

　用意するもの　細いエナメル線 1〜2 m，鉄釘数本，電池（単 1），鉄粉，透明なファイルケース．

　準備　エナメル線を 1 cm あたりの巻き数が 5, 10, 15 になるように鉄釘に巻き付ける．

(1) 各巻き数のコイル（ソレノイド）に電池につないで方位磁石に決まった位置まで近づけ，磁針のふれの角度を読む．電流の向きを逆にしてみること．

(2) 通電したソレノイドの上に透明なファイルケースをのせ，上から一様に鉄粉をまいて観察せよ．

注意 電流を長時間流さないこと．ジュール熱による加熱を防ぐため．

[結果] (1) 巻き数の多い鉄釘ほど，磁針のふれは大きい．

(2) どの鉄釘の周りにも，鉄粉で棒磁石と同じような磁力線の模様ができた．

次の例として，平行に流れる平面上の電流(面電流)を考える．図 8.8 のように，面電流は yz 面上を，面密度(単位長さ当たりの電流) $J\,\mathrm{A\,m^{-1}}$ で z 方向に流れるとしよう．平行電流の周りには，電流を中心に電流方向を取り巻く環状の磁力線ができるから，重ね合わせれば，磁場は y 方向のみ

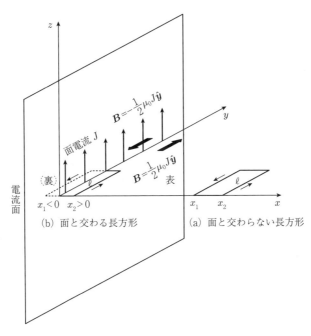

図 8.8 面電流による磁場．(a)長方形が面と交わらないとき，(b)長方形が面と交わるとき

であり，面電流からの距離 x のみによる（y, z はどこであっても等しい）．すなわち，$\boldsymbol{B}(\boldsymbol{r}) = (0, B_y(x), 0)$. そこで，アンペールの法則を適用する閉曲線 C として xy 面上の長方形をとり，y 方向の辺の長さを ℓ とし，y 軸に平行な辺の x 座標をそれぞれ x_1, x_2 とおく．

(a) **長方形が面と交わらないとき** $0 < x_1 < x_2$ とすると，$\oint_C \boldsymbol{B} \cdot d\boldsymbol{r} = B_y(x_2)\ell - B_y(x_1)\ell = 0 \to B_y(x_2) = B_y(x_1)$. これより，磁束密度は，面電流からの距離によらない．なお，面の裏側（$x < 0$）の磁束密度は，逆符号である．

(b) **長方形が面と交わるとき** $x_1 < 0, x_2 > 0$ とすると，面の裏と表で磁束密度は逆符号だから，$\oint_C \boldsymbol{B} \cdot d\boldsymbol{r} = B_y(表)\ell - (-B_y(裏))\ell = \mu_0 J\ell \to B_y(表) + B_y(裏) = \mu_0 J$. 対称性から磁束密度の大きさは表と裏で同じだから，$B_y(表) = B_y(裏) = \dfrac{1}{2}\mu_0 J$ となる．

面電流をよぎると，磁場は不連続に変わり，不連続幅は $\mu_0 J$ を示す．

円電流のつくる磁場 —— ビオ-サバールの法則の応用

ビオ-サバールの法則 (8.6a) の応用として，円電流のつくる磁場を考えよう．電流の大きさを I とし，円 C は半径 a で xy 面上にあり，その中心を原点にとるものとする．円の法線方向 $\widehat{\boldsymbol{n}}$ に z 軸をとる．xy 面上の偏角（図 4.8(a) 参照）を ϕ とおけば，円電流上の点は偏角 ϕ の動径の端点 $\boldsymbol{r}' = (a\cos\phi, a\sin\phi, 0)$ であり，円 C の線素は，動径の接線方向にあって $d\boldsymbol{r}' = (-a\sin\phi, a\cos\phi, 0)d\phi = a\widehat{\boldsymbol{\phi}}d\phi$ に等しい（図 8.9）．

これよりビオ-サバールの法則 (8.6a) の周回積分は，偏角の積分となる．$\oint \cdots d\boldsymbol{r}' = \int_0^{2\pi} \cdots (-a\sin\phi d\phi, a\cos\phi d\phi, 0)$. こうして (8.6a) のベクトル積は，

$$d\boldsymbol{r}' \times (\boldsymbol{r} - \boldsymbol{r}') = a(z\cos\phi, z\sin\phi, -x\cos\phi - y\sin\phi + a)d\phi \quad (8.10)$$

となる．ここで，円電流から十分離れた位置での磁場を考えよう．被積分関数の中の分母で $r = \sqrt{x^2 + y^2 + z^2} \gg a$ としてよいから，電気双極子

《磁場は電流にどんな力を及ぼすか》——137

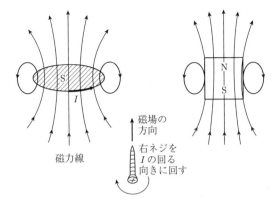

図 8.9　円電流(コイル)のつくる磁場(棒磁石と同じ)

の遠方の電場を求める際に行なったと同様の近似式(3.6)を用いると,

$$|\boldsymbol{r} - \boldsymbol{r}'|^{-3} = \{(x - a\cos\phi)^2 + (y - a\sin\phi)^2 + z^2\}^{-3/2}$$
$$\approx \{r^2 - 2a(x\cos\phi + y\sin\phi)\}^{-3/2}$$
$$= r^{-3} + 3ar^{-5}(x\cos\phi + y\sin\phi)$$

上の(8.10)と展開式から, (8.6a)のループ積分は,

$$I\,ar^{-3}\int_0^{2\pi} d\phi\{(z\cos\phi, z\sin\phi, -x\cos\phi - y\sin\phi + a)$$
$$+ 3ar^{-2}(xz\cos^2\phi + yz\cos\phi\sin\phi, xz\cos\phi\sin\phi + yz\sin^2\phi,$$
$$- x^2\cos^2\phi - 2xy\cos\phi\sin\phi - y^2\sin^2\phi)\} \tag{8.11a}$$

の大きさを持つベクトルとなる. この積分を実行するために, 次の例題を解こう.

例題 8.5

以下の三角関数の区間 $0 \leqq \phi \leqq 2\pi$ における定積分を求めよ.
　(a) $\cos\phi$　(b) $\sin\phi$　(c) $\cos 2\phi$　(d) $\sin 2\phi$　(e) $\cos^2\phi$
　(f) $\sin^2\phi$
［ヒント］倍角の公式 $\cos 2\phi = \cos^2\phi - \sin^2\phi = 2\cos^2\phi - 1 =$

$1 - 2\sin^2\phi$ を用いよ.

[解] 定義にしたがって,

(a)
$$\int_0^{2\pi} d\phi \cos\phi = [\sin\phi]|_0^{2\pi} = 0$$

(b)
$$\int_0^{2\pi} d\phi \sin\phi = [-\cos\phi]|_0^{2\pi} = 0$$

(c)
$$\int_0^{2\pi} d\phi \cos 2\phi = \left[\frac{1}{2}\sin 2\phi\right]\bigg|_0^{2\pi} = 0$$

(d)
$$\int_0^{2\pi} d\phi \sin 2\phi = \left[-\frac{1}{2}\cos 2\phi\right]\bigg|_0^{2\pi} = 0$$

(e)
$$\int_0^{2\pi} d\phi \cos^2\phi = \left[\frac{1}{2}(1 + \cos 2\phi)\right]\bigg|_0^{2\pi} = \pi$$

(f)
$$\int_0^{2\pi} d\phi \sin^2\phi = \left[\frac{1}{2}(1 - \cos 2\phi)\right]\bigg|_0^{2\pi} = \pi$$

となる.

例題 8.5 の結果を用いて (8.11a) の積分を行なえば, 求める磁束密度は,

$$\boldsymbol{B}(\boldsymbol{r}) = \frac{\mu_0 I}{4\pi} \frac{a}{r^3} \left\{ (0, 0, 2\pi a) + \frac{3\pi a}{r^2}(xz, yz, -x^2 - y^2) \right\}$$

$$= \frac{\mu_0 I}{4\pi} \frac{\pi a^2}{r^3} \left\{ (0, 0, 2) + \frac{3}{r^2}(xz, yz, z^2 - r^2) \right\}$$

$$= \frac{\mu_0}{4\pi} \frac{I\pi a^2}{r^3} \left(\frac{3}{r^2}(\boldsymbol{r}\cdot\widehat{\boldsymbol{z}})\boldsymbol{r} - \widehat{\boldsymbol{z}} \right)$$
$$= \frac{\mu_0}{4\pi} \frac{1}{r^3}(3(\boldsymbol{m}\cdot\widehat{\boldsymbol{r}})\widehat{\boldsymbol{r}} - \boldsymbol{m}) \tag{8.11b}$$

ただし,上で $\boldsymbol{m} = I\pi a^2 \widehat{\boldsymbol{z}} = I\pi a^2 \widehat{\boldsymbol{n}}$ と置いた.

得られた結果 (8.11b) を,電気双極子による電場 (3.6) と比べると,電気双極子モーメント $\boldsymbol{p}$ を,$\boldsymbol{m}$ に置き換えれば,比例定数を除きまったく一致している.磁石には単独の磁極が存在せず,その磁場は N 極と S 極の対,すなわち磁気双極子モーメントによるのだから,(8.11b) は円電流が磁気双極子と同等の磁場をつくり,対応する磁気双極子モーメントが $\boldsymbol{m} = I\pi a^2 \widehat{\boldsymbol{n}}$ とみなせることを示す.

もっと一般に,電流 I が法線 $\widehat{\boldsymbol{n}}$ で面積 S の面の縁を流れるループをなすときにつくる磁場は,磁気モーメントが $\boldsymbol{m} = IS\widehat{\boldsymbol{n}} = I\boldsymbol{S}$ による場に等しいことが言える.このことからアンペールたちは,磁石の起源を微小なループ(環)電流の集まりと考えた.そこで,次の疑問を追加しよう.

(**Q11**) 磁石は,微小環電流だけで理解できるのか.

答えの一部を言うと,微小環電流は確かに磁石と同じ効果を持つが,私たちの知っている磁石は微小環電流だけでは説明できない.理解するには,もっとミクロの知識がいるのである.

磁化と面電流密度

前項の終わりに,環電流が磁気双極子と等価となることを見た.では,磁気双極子の電流は,アンペールの法則の電流に寄与するのだろうか.

磁気双極子モーメント $\boldsymbol{m}_i, i = 1, 2, \ldots$ の微小環電流が,重心 $\boldsymbol{r}$ の周りの微小体積 $\Delta V(\boldsymbol{r})$ の中にある ($i \in \Delta V$ と表わす) としよう.その**磁化ベクトル** (magnetization vector, 単位は $\mathrm{Am^{-1}}$) の場を全磁気双極子モーメントの体積あたりの平均で定義する.

$$\boldsymbol{M}(\boldsymbol{r}) = (\Delta V)^{-1} \sum_{i \in \Delta V} \boldsymbol{m}_i = n_\mathrm{m} \langle \boldsymbol{m}_i \rangle, \quad i \in \Delta V \tag{8.12}$$

ただし，n_m, $\langle \boldsymbol{m_i} \rangle$ はそれぞれ磁気双極子の数密度およびモーメントの平均値である．簡単のため，考える体積は，磁化方向 $\hat{\boldsymbol{n}}$ の厚さ h, 磁化に垂直な面積 S の微小な直方体 ($\Delta V = hS$) とし，面ベクトルを $\boldsymbol{S} = S\hat{\boldsymbol{n}}$ と置く（平均磁気モーメントも磁化方向にある）．

このとき，磁化ベクトルの大きさを M とすれば（単位は A m^{-1}），全双極子モーメントは $M\Delta V = MhS$ である．この磁化を，直方体の側面に沿って磁化方向 $\hat{\boldsymbol{n}}$ に垂直に流れる面電流密度（長さ当たりの電流．単位は A m^{-1}）J によるものとすれば，側面を流れる全電流は Jh であるから，全双極子モーメントの大きさは，$Jh \times S = M\Delta V = MhS$ となり，**磁化に等価な面電流の大きさは，磁化の大きさに等しい**．つまり $J = M$（図8.10）．磁化と等価な全面電流 $I_M = Jh$ を**磁化電流**と呼ぼう．

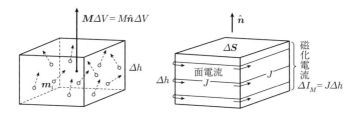

図 8.10　磁化とそれに等価な面電流密度

これまでは，簡単のため磁化ベクトルを場所によらず一様としたが，一般には磁化も場である．磁化の場を $\boldsymbol{M}(\boldsymbol{r})$ として，等価な磁化電流を求めたい．そのために閉曲線 C に沿って磁化ベクトルを周回積分してみよう．磁化ベクトルと線素ベクトルのなす角を θ とすれば，$\boldsymbol{M} \cdot d\boldsymbol{r} = M dr \cos\theta$ であり，$dr \cos\theta = dh$ は，磁化の厚さを与える．磁化の大きさは面電流密度に等しいから，考える循環（周回積分）は，一周の間に通過する磁化の厚みを流れる全電流（磁化電流 I_M）に等しい（図8.11）．

$$\oint_\mathrm{C} \boldsymbol{M}(\boldsymbol{r}) \cdot d\boldsymbol{r} = \oint_\mathrm{C} M(\boldsymbol{r}) dh = \oint_\mathrm{C} J(\boldsymbol{r}) dh = I_\mathrm{M} \quad (8.13\mathrm{a})$$

ところで，(8.13a) の左辺は，ストークスの定理から rot$\boldsymbol{M}$ の，C を縁

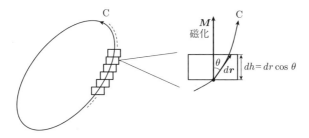

図 8.11 磁化ベクトルの周回積分

とする面 S_C 上の面積分である．一方，磁化電流 I_M は，対応する電流密度 $\bm{j}_M(\bm{r})$ の面積分で書けるから，

$$I_M = \int_{S_C} \mathrm{rot}\,\bm{M}(\bm{r})\cdot d\bm{S} = \int_{S_C} \bm{j}_M(\bm{r})\cdot d\bm{S} \tag{8.13b}$$

となって，**磁化ベクトルの回転が，磁化電流密度を与える**．

$$\mathrm{rot}\,\bm{M}(\bm{r}) = \bm{j}_M(\bm{r}) \tag{8.13c}$$

これまでは，環電流による磁気モーメントと磁化ベクトルから磁化電流を導いた．しかし，磁気モーメントや磁化ベクトルは磁性体，とくに強磁性体などの磁石に同様にして存在する．磁気モーメントを介して，磁石と環電流は等価であるから，磁性体の磁化ベクトルに対しても，磁化電流が (8.13a) で，磁化電流密度が (8.13c) で同じように定義できることに注意しよう．

磁化電流とアンペールの法則の拡張

磁化に伴って，電流が流れることを見た．磁化電流も電流の一部であるから，アンペールの法則 (8.8a) の右辺に加えなければならない．

$$\oint_C \bm{B}(\bm{r})\cdot d\bm{r} = \mu_0(I_C + I_M) = \mu_0 I_\mathrm{tot} \tag{8.14a}$$

ここに，$I_\mathrm{tot} = I_C + I_M$ は担体電流と磁化電流の和である．対応する微分

形は，(8.8c)の右辺に磁化電流密度を加えて，

$$\operatorname{rot} \boldsymbol{B} = \mu_0 (\boldsymbol{j}_\mathrm{C} + \boldsymbol{j}_\mathrm{M}) = \mu_0 \boldsymbol{j}_\mathrm{tot}, \quad \boldsymbol{j}_\mathrm{tot} = \boldsymbol{j}_\mathrm{C} + \boldsymbol{j}_\mathrm{M} \tag{8.14b}$$

である．上の $\boldsymbol{j}_\mathrm{tot}$ は全電流密度である．

磁化が，担体電流の磁場で引き起こされるとすれば，

$$I_\mathrm{M} = \chi_\mathrm{m} I_\mathrm{C}, \quad \text{または} \quad \boldsymbol{j}_\mathrm{M} = \chi_\mathrm{m} \boldsymbol{j}_\mathrm{C} \tag{8.15a}$$

が成り立つ[*3]．比例係数 χ_m を**磁化率**または**磁気感受率**(magnetic susceptibility)と呼ぶ．磁化率は，誘電体の電気感受率 χ (6.6a)に対応するが，電気感受率が常に正($\chi > 0$)であるのに対して，反磁性体では，絶対値は 10^{-5} 程度と小さいが，$\chi_\mathrm{m} < 0$ であることに注意しよう(ポイント2参照)．

磁化率により，アンペールの法則(8.14a)と(8.14b)で，全電流を担体電流に比例する形に表わせて，

$$I_\mathrm{tot} = (1 + \chi_\mathrm{m}) I_\mathrm{C}, \quad \text{または} \quad \boldsymbol{j}_\mathrm{tot} = (1 + \chi_\mathrm{m}) \boldsymbol{j}_\mathrm{C} \tag{8.15b}$$

を得る．さらに，上のアンペールの法則は，以下にまとめられる．

$$\oint_\mathrm{C} \boldsymbol{B}(\boldsymbol{r}) \cdot d\boldsymbol{r} = \mu I_\mathrm{C} \tag{8.14c}$$

$$\operatorname{rot} \boldsymbol{B} = \mu_0 \boldsymbol{j}_\mathrm{tot} = \mu \boldsymbol{j}_\mathrm{C} \tag{8.14d}$$

ここに表われた新しい比例係数，

$$\mu = \mu_0 (1 + \chi_\mathrm{m}) \tag{8.16}$$

を，**透磁率**(magnetic permeability)という．透磁率と磁化率により，(8.14d)および(8.15a)から，

$$\boldsymbol{M} = \frac{\chi_\mathrm{m}}{\mu} \boldsymbol{B} \tag{8.17}$$

が導かれる．

[*3] 外部電流なしで生ずる自発磁化(強磁性体で生ずる．ポイント2参照)があれば成り立たない．

《磁場は電流にどんな力を及ぼすか》——143

以上をまとめると，定常電流の下での静磁場の基本法則は以下である．
$$\mathrm{div}\boldsymbol{B} = 0, \quad \mathrm{rot}\boldsymbol{B} = \mu_0 \boldsymbol{j}_{\mathrm{tot}}, \quad \boldsymbol{j}_{\mathrm{tot}} = \boldsymbol{j}_{\mathrm{C}} + \boldsymbol{j}_{\mathrm{M}} \qquad (8.18)$$

ここで，担体電流で決まる場 $\boldsymbol{H}$ について述べておこう．磁場というと，$\boldsymbol{H}$ で表記されることが多いので，ひとこと注意しておく．担体電流で決まることから，場 $\boldsymbol{H}$ を，
$$\mathrm{rot}\boldsymbol{H} = \boldsymbol{j}_{\mathrm{C}} \qquad (8.19\mathrm{a})$$
で定めれば，(8.13c) および (8.14b) と合わせて，
$$\mathrm{rot}\boldsymbol{B} = \mu_0(\mathrm{rot}\boldsymbol{H} + \mathrm{rot}\boldsymbol{M}) \quad \longrightarrow \quad \boldsymbol{B} = \mu_0(\boldsymbol{H} + \boldsymbol{M}) \qquad (8.19\mathrm{b})$$
を得る．これより新しい場は，磁場と磁化により $\boldsymbol{H} = \dfrac{\boldsymbol{B}}{\mu_0} - \boldsymbol{M}$ と表わすことができる．外部から与えられた担体電流により場 $\boldsymbol{H}$ がつくられ，磁化 $\boldsymbol{M}$ が引き起こされて，全体で $\boldsymbol{B}$ となり，これが磁場としてローレンツ力で観測にかかるのである．それゆえ，場 $\boldsymbol{H}$ は補助場として扱われるべきである．

電荷の従うクーロン則を，磁荷の存在を仮定して当てはめて磁気理論を展開すれば，$\boldsymbol{H}$ を基本とする体系ができる．しかし，直接ローレンツ力を与えるのは磁束密度であり，さらに磁気の源は電流であり，しかも単独の磁荷の存在が実験的に否定されているのだから，われわれは発散のない磁場 $\boldsymbol{B}$ を基本とする磁気理論をとる[*4]．

なお，図 8.12 に，磁性体の棒磁石の磁化 $\boldsymbol{M}$，磁場 $\boldsymbol{B}$ および場 $\boldsymbol{H}$ の様子を示した．棒磁石の外では磁化はゼロだから $\boldsymbol{H} = \boldsymbol{B}/\mu_0$ であり，$\boldsymbol{H}$ は $\boldsymbol{B}$ と本質的には同じである．一方，棒磁石の内部では，磁化は一定で S 極から N 極に向かうが，発散のない磁束密度は連続で，磁極の両端で疎になるため，$\boldsymbol{H} = \boldsymbol{B}/\mu_0 - \boldsymbol{M}$ より，$\boldsymbol{H}$ は，磁化と逆向きとなる（図 8.12(c)）．

同様の補助場が，すでに静電場に登場していたことを思い出そう．

[*4] 電場と磁場の基本をそれぞれ $\boldsymbol{E}$, $\boldsymbol{B}$ とする方式を $\boldsymbol{E}$–$\boldsymbol{B}$ 対応という．

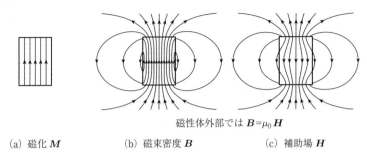

(a) 磁化 M　　(b) 磁束密度 B　　(c) 補助場 H

図 8.12　棒磁石の磁化，磁束密度および補助場 H

ポイント 6 の誘電体のところで，物質は電場により分極して，電束密度が $D = \varepsilon_0 E + P$ となることを見た．電束の場 D が，補助場なのである．電場の源は荷電粒子の電荷（真電荷：電荷密度 ρ_C）であるが，分極を誘起して分極電荷 $\rho_\mathrm{P} = -\mathrm{div} P$ を生ずるため，電場の発散は真電荷からずれ，$\varepsilon_0 \mathrm{div} E = \rho + \rho_\mathrm{P}$ となる．発散が真電荷をもたらすように導入された補助場が電束密度であり，$\mathrm{div} D = \rho_\mathrm{C}$ の関係は，その定義なのである．

磁場の場合に電荷に対応するのは，電流であり，磁束密度の回転が，補助場の回転を定める担体電流（真電荷の流れ）とそれにより誘起された磁化電流の和であることに呼応する．

ポイント 9

電気をつくる

　これまでに見てきた場は，電荷やその分布が時間変化せず，磁石も静止していたから，すべて静電場・静磁場であった．電荷が動いても定常的ならば，電場は時間変化せず，定常電流のつくる場も静磁場だった．
　では，電荷の位置や電荷分布を時間変化させたり，磁石を動かしたり，電流自身やその形や位置を時間変化させたら，場はどうなるだろう．時間的に変化する電磁場ができるに相違ない．簡単な実験をしながら，どんな現象が引き起こされるかを見ていこう．電磁気学の骨格の一つである電磁誘導を理解する．

時間的に変わる磁場で何が起こるか

ファラデーは，電流が電荷の運動であることを最初に正しくとらえた．電荷の運動が磁場をつくるなら，磁石が動くなどして磁場が時間的に変われば，電流をつくるはずだと問題提起し，いろいろ予想してさまざまな実験をした(1831年)．問題提起と実験を図9.1にまとめた．おのおのについて何が起こるかを，ファラデーとともに予想してみよう．それらの結果と意義，および物理的理解や応用については追々述べていく．

われわれもそのうちの一つをやってみよう．

── 実験 9.1 ──

図9.1(b)を見ながら，実験しよう．

用意するもの　トイレットペーパーの芯の筒に，エナメル線(太さ約0.7mm，長さ5mのものを数本)を50回ほど巻き付けて作ったソレノイド(コイル)，強さの違う棒磁石2本，テスター．テスターは直流(AC)の最低レベル，たとえば$50\mu A$のレンジを選ぶ．

(1) 筒に強い方の棒磁石を出し入れしてテスターの針の振れを観察する．

(2) 続いて弱い棒磁石を(1)と同じ速さで出し入れして観察する．実験(1)，(2)で，棒磁石の極を逆にしたり，出し入れの速さを変えたりしてみよう．

(3) 上の(1)，(2)とは逆に，磁石を固定してコイルを動かすと何が起こるかを見よう．

(4) 上に用意したコイルに，同じ長さのエナメル線を，前とは逆まわしに重ねて巻きつけ，上の一連の実験をする．

[結果] (1) 出し入れの瞬間にテスターの針が振れた．極を逆にすると，振れ方向が逆になる．出し入れの速さを速くすると速く大きく振れる．ごくゆっくりにすると，見えるほどの振れは生じない．

(2) 磁石が弱いと振れが小さくなる．(1)と同様，極を逆にすると振れ

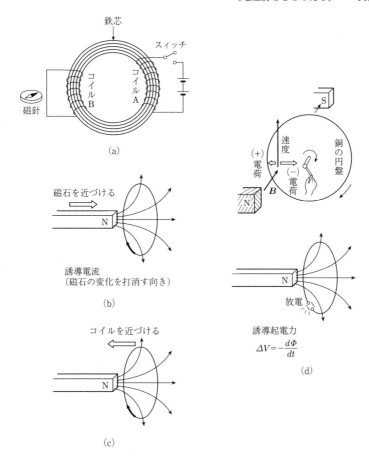

図 9.1 ファラデーの問題提起と実験. (a)鉄芯に巻きつけた2つのコイルの一方(A)に電池をつなぐと他方のコイル(B)に何が起こるか, (b)閉じたコイルに磁石を出し入れするとコイルに何が起こるか, (c)上の(b)と逆に磁石をとめておいて, コイルを動かすと何が起こるか, (d)磁石の間で銅の円盤を回転させると, 円盤の軸と縁の間に何が起こるか

は逆になり, 出し入れの速さを速くすると振れも大きくなる. ごくゆっくりのときやはり振れはない.

(3) 上の(1), (2)と同様, テスターの針が振れ, コイルの動きを速くす

ると振れも大きくなる.

(4) 磁石の強弱によらず出し入れで,また出し入れの速さによらず,テスターの針はまったく動かない.

なお,電気抵抗を減らすためエナメル線を太くし,線の長さを増やして巻き足し(すべて同じ方向に巻く),棒磁石も強力なものを選んで上と同じ実験をしてみると,電流はずっと増えて,テスターの針の振れも大きくなる.このとき,コイルの端をすこし離しめにしておくと,磁石の出し入れのたびに放電の火花が飛ぶ.

ファラデーの予想通り,動く磁石によって,実験 9.1 の (1), (2) では閉じたコイルに電流が流れた.コイルの電気抵抗を増やすと,電流が減ることも確かめられた.巻き数を増やしたコイルの両端をわずかに開けておくと火花が飛ぶのは,両端に電位差が生じたためである.じっさい,コイルに抵抗を入れてつなぐと電流が減るのだから,コイルに生ずるのは,電流そのものではなく,電位差であることがはっきりした.

磁石の運動で閉じた回路に電流が流れ,電位差が生ずるこの現象を,**電磁誘導**という.電磁誘導による電流を誘導電流,発生した電位差を**誘導起電力** (electromotive force. ファラデーの命名)という.なお,実験 9.1 の (4) で,電流が流れなかったのは,それぞれのソレノイドに生ずる起電力は同じだが,コイルの巻き方が逆のためソレノイド内部の磁場が逆になって,互いに打ち消しあうためだと考えられる.

電磁誘導の法則

磁石の運動で磁場が時間変化し,電磁誘導が起こることを見た.では,このとき,磁場の何が誘導電流や誘導起電力を生むのだろう.

ファラデーは,予想も含めて電磁誘導を理解するために,磁力線の概念を駆使した.じっさい図 9.1(b) に見る通り,磁石が動けば,コイルが磁力線を切る.別の言い方だと,コイルの断面を貫く磁力線の数,つまり磁束が変わる.磁束の時間変化が起電力を生じ,電磁誘導を引き起こす.そして,磁石が磁束を増やす(減らす)向きに動けば,発生する起電力は,この

磁束の増加(減少)を抑える誘導電流を生ずる向きに起こるのである[*1].

---- 例題 9.1 ----

ファラデーは，誘導電流発生の有無を，エルステッドの実験に基づいて確かめたという．どうすればよいかを考えて，実行してみよう．

[解] 磁石を出し入れするソレノイドコイルのエナメル線の端を長く伸ばして(磁石の影響をなくすため)，一方の線を磁針の上に張る．磁石の出し入れのたびに磁針が触れることから，コイルに電流が流れることが知れる．誘導電流の方向は，磁針の振れの方向からわかり，誘導電流のつくる磁場が，磁束の変化を抑える向きであることが確かめられる．

ファラデーの電磁誘導の実験結果を法則として定式化してみよう．磁束密度ベクトルを $\boldsymbol{B}$ とし，コイル C の張る面を S とすれば，磁束は S 上の面積分 $\varPhi = \int_S \boldsymbol{B} \cdot d\boldsymbol{S}$ である．起電力 V は，磁束の時間変化に比例するが，その結果の電流が，磁束の変化を抑える向きに流れるのだから，比例定数は負である．

$$V = -C\frac{d\varPhi}{dt} = -C\int_S \frac{\partial \boldsymbol{B}}{\partial t}\cdot d\boldsymbol{S} \quad C > 0 \quad \text{(電磁誘導の法則)} \tag{9.1}$$

回路の磁束変化の逆符号が，回路に電位差(起電力)をもたらす．

電磁気現象に MKSA 4 元単位を用いる SI 単位系では，発電や電動モーター，変圧器などで電磁誘導が基本的な役割を演ずるので，この比例定数を 1 にとる ($C = 1$).

ここで，電磁誘導の例を実験してみよう．

[*1] 一般に，系が平衡状態(安定状態，定常状態などの場合も)にあるとき，この状態を乱そうとすると，元の状態に戻す方向に変化が生ずる(レンツの法則)．釣り合いにあるばねを伸ばすと，もとに戻そうとする復元力が働き，伸びに比例した力が生ずる(フックの法則)のがよい例である．レンツの法則の類例は物理に限らず他分野でも現れる．

実験 9.2

用意するもの 強力な磁石(ネオジウム合金製),業務用のアルミホイル(長さ 50 m,幅 30 cm のもの),ラップの芯(幅 30 cm).

磁石を,鉛直に立てたラップの芯とアルミホイルの筒の中に入れて落とす.両者の落ち方を比べ,違いについて理由を考えよう.

[結果] アルミホイルの筒のときは,ラップの芯のときに比べ,落下に長い時間がかかった.アルミは,磁石には付かないが金属なので,その筒は連続的なコイル(ソレノイド)とみなせる.電磁誘導により,磁石が落ちる際の磁束の時間変化に逆向きの電流がコイルに流れる.磁石の N 極側には磁束を減らす向きに,S 極には磁束を増やす向きに生じて,ともに重力とは逆向きの磁力を生ずるため,落下速度が遅くなる(図 9.2).

ところで図 9.1(a)のファラデーの実験では,コイル A に電池をつなぐとコイル B に電流が流れ,電池を離すとコイル B の電流は逆になる.明らかにコイル B を貫く磁束は時間変化するから,図 9.1(b)の場合と同様電磁誘導が起こったとみなせる.2 つのコイルによる電磁誘導は,コイルに周期的な時間変化をする電流(交流)を流すと,電圧および電流を変換できる.これが,後述する変圧器の原理である.

さらに解析を進めよう.コイルの起電力は,ポイント 4 の(4.6)で見た電位差であり,コイル C を一回りするときの電場のする仕事に等しいから,

$$V = \oint_C \boldsymbol{E} \cdot d\boldsymbol{r} = \int_S \mathrm{rot}\boldsymbol{E} \cdot d\boldsymbol{S} = -\int_S \frac{\partial \boldsymbol{B}}{\partial t} \cdot d\boldsymbol{S} \qquad (9.2)$$

ここで線積分を,ストークスの定理により,C を縁とする面 S 上の面積分に変えた.渦なしだった静電場(static electric field) $\boldsymbol{E}^{(s)}$ ($\mathrm{rot}\boldsymbol{E}^{(s)} = 0$)と区別するために,電磁誘導による電場を $\boldsymbol{E}^{(i)}$ (誘導電場,induced electric field)と書こう.こうすれば,(9.1),(9.2)から,ファラデーの法則の微分形が得られる.

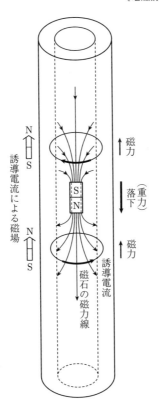

図 9.2 アルミホイルの筒中を落下する磁石．電磁誘導の磁場により上向きの磁力が生ずる．

$$\mathrm{rot}\,\boldsymbol{E}^{(\mathrm{i})} = -\frac{\partial \boldsymbol{B}}{\partial t} \quad \text{(電磁誘導の法則の微分形)} \quad (9.3)$$

時間的に変化する磁場があるときは，磁場の時間変化の，逆符号の回転が電場に生ずる．

ここで，ファラデーの法則の2通りの表現について注意しておこう．まず，積分形(9.1)では，磁束に時間変化があれば，誘導起電力が生ずる．時間変化は，実験9.1(a)のように磁場そのものの時間変化による場合と，実験9.1(b)のように，コイルと磁場の相対運動による磁束変化による場合

とが含まれる*2. 一方, 微分形(9.3)では, 磁場自身の変化が電磁誘導の原因であり, 磁場の源である電流変化などでもたらされる.

時間変化する磁場による誘導電場を求めるときに有用となる, 静磁場との対比をあげよう. アンペールの法則(8.8b)とファラデーの法則(9.2)を並べて書くと,

$$\oint_C \boldsymbol{B} \cdot d\boldsymbol{r} = \mu_0 \int_S \boldsymbol{j}_C \cdot d\boldsymbol{S} \tag{8.8b}$$

$$\oint_C \boldsymbol{E}^{(i)} \cdot d\boldsymbol{r} = -\int_S \frac{\partial \boldsymbol{B}}{\partial t} \cdot d\boldsymbol{S} \tag{9.2}$$

上より,「誘導電場 $\boldsymbol{E}^{(i)}$ ↔ 静磁場 $\boldsymbol{B}$, 磁場の時間変化 $-\frac{\partial \boldsymbol{B}}{\partial t}$ ↔ 電流 $\mu_0 \boldsymbol{j}_C$」という対応が見てとれよう. これより, 静磁場で得られた結果を, 誘導電場に対応させることができる. そこで, 次の例題を考えよう.

例題 9.2

半径 a の無限に長いソレノイド内部の磁場 B が, 一定の割合 $\dot{B}(=\partial B/\partial t)$ で時間変化するとき, ソレノイド内外の誘導電場を求めよ.

[解] ソレノイドの伸び方向を $\widehat{\boldsymbol{z}}$ とすれば, $-\frac{\partial \boldsymbol{B}}{\partial t} = -\dot{B}\widehat{\boldsymbol{z}} \leftrightarrow \mu_0 \boldsymbol{j}_C$ から, 電流がソレノイドの軸に沿って流れるときにできる磁場を, 誘導電場に対応させればよい. 例題8.4から, 磁場は軸対称で, 軸からの半径のみにより, 電流方向に進む右ネジの回る方向にできる. 前述の対応から, 誘導電場は軸からの半径 ρ のみにより, 軸周りの渦となる($\boldsymbol{E}^{(i)}(\rho) = E_\phi^{(i)}(\rho)\widehat{\boldsymbol{\phi}}$). ソレノイド内外の誘導電場は(9.2)で, $d\boldsymbol{r} = \rho\widehat{\boldsymbol{\phi}}d\phi$ として,

(内部) $\rho \leqq a$ のとき, $2\pi\rho E_\phi^{(i)} = -\pi\rho^2 \dot{B}$ ⟶ $E_\phi^{(i)} = -\frac{1}{2}\rho\dot{B}$

(外部) $\rho > a$ のとき, $2\pi\rho E_\phi^{(i)} = -\pi a^2 \dot{B}$ ⟶ $E_\phi^{(i)} = -\frac{1}{2}a^2\dot{B}/\rho$

---
*2 コイルの形が変わる場合も時間変化をもたらすが, (9.3)や以下では扱わない.

誘導電場の様子は，図8.6(b)で，$\mu_0 j$ を $-\dot{B}$ に，B を E にそれぞれ置き換えて見ること．

さて，電磁誘導発見のさきがけとなった図9.1(a)の実験で，誘導起電力がコイルなどの回路を貫く磁場の時間変化で生ずることがわかった．磁石を静止状態のコイル中で出し入れする図9.1(b)の実験や，磁石をとめてコイルを動かす図9.1(c)の実験でも磁束の時間変化が起こるから同等の電磁誘導が生ずる．これら2つは，磁場とコイルの相対運動の結果であるが，一般に，静止系 Σ に対し，一定速度で動く系 Σ'（慣性系と呼ぶ）に起こる物理現象は，Σ' 系で同じ速さで逆に動く Σ 系の現象と変わらないという，**ガリレイ不変性**が電磁気現象でも成り立つことを示す．

ローレンツ力による誘導電場

ファラデーの実験のうち，実験9.1(d)の結果はどう考えたらよいのだろう．ファラデーは，円盤の縁とその回転軸を導線で結ぶと，電流が流れることから，縁と軸の間に一定の起電力が生ずること，そして，円盤を回し続ければ，電流が途切れずに流れ続けることを見出し，この現象も電磁誘導であるとみなした．では，この結果をどう電磁誘導と結びつけたらよいか．

磁石は固定されていて，円盤は回転するだけだから円盤を貫く磁束は時間変化しない．磁束は変化しないが，円盤は磁力線を切りながら回る．ファラデーは，磁力線を切ることも電磁誘導の原因になると考えた．回路を貫く磁束が時間変化するとき同時に回路は，磁力線を切っている．そこで，回路が磁力線を切る場合に電磁誘導が式(9.1)からどう理解されるかを見てみよう．

簡単のために，回路は一巻きのコイルとし，実験9.1(b)を定式化したときにならって，時刻 t でのコイルの曲線を C_t，C_t を縁とする曲面を S_t とする．いま，コイルは，磁場の中を速度 $\boldsymbol{v}$ で運動しているものとする．曲面を貫く磁束を，時刻 t のとき $\Phi(t)$，時刻 $t+dt$ のとき $\Phi(t+dt)$ とすれば，この間の磁束の変化 $d\Phi$ は，

$$d\Phi = \Phi(t+dt) - \Phi(t) = \int_{S_{t+dt}} \boldsymbol{B} \cdot d\boldsymbol{S} - \int_{S_t} \boldsymbol{B} \cdot d\boldsymbol{S} \quad (9.4\text{a})$$

この間に，コイルは $\boldsymbol{v}dt$ 移動するから，(9.4a) の面積分の差は，C_t と C_{t+dt} の間に挟まれた帯の部分の磁束に等しい (図 9.3)．

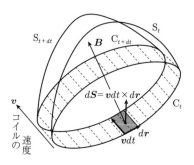

図 9.3 コイルが磁力線を切る

帯の面素ベクトル $d\boldsymbol{S}$ は，C_t に沿う線積分の線素ベクトルを $d\boldsymbol{r}$ とすれば，コイルの変位が $\boldsymbol{v}dt$ であるから，$d\boldsymbol{S} = \boldsymbol{v}dt \times d\boldsymbol{r}$ に等しい．これより，(9.4a) の面積分の差は，C_t 上の線積分によって，次のようになる．

$$d\Phi = \int_{C_t} dt\, \boldsymbol{B}(\boldsymbol{v} \times d\boldsymbol{r}) = -dt \int_{C_t} (\boldsymbol{v} \times \boldsymbol{B}) d\boldsymbol{r} \quad (9.4\text{b})$$

この結果を，(9.1) および (9.2) と合わせれば，

$$V = -\frac{d\Phi}{dt} = \int_{C_t} (\boldsymbol{v} \times \boldsymbol{B}) d\boldsymbol{r} = \oint_{C_t} \boldsymbol{E}^{(i)} \cdot d\boldsymbol{r} \quad (9.5\text{a})$$

が得られる．これよりまず，動くコイルの各部に沿って $(\boldsymbol{v} \times \boldsymbol{B}) d\boldsymbol{r}$ だけの起電力が発生するとみなせる．あるいは，**コイルが磁力線を切れば，その速度と磁束密度のベクトル積に等しい誘導電場 $\boldsymbol{E}^{(i)}$ がコイルの各点に現れる**．

$$\boldsymbol{E}^{(i)} = \boldsymbol{v} \times \boldsymbol{B} \quad (9.5\text{b})$$

動くコイルが磁力線を切ることで起電力が誘導されたように，図 9.1(d) の磁場中で回転する導体円盤の実験では，絶えず回路が入れ替わって磁力

線を切っているために誘導起電力が生ずるのである．この実験で，円盤の縁と軸の間を極は変わらず電流が流れ続ける理由もわかった．このことから，図 9.1(d) の装置は，**単極発電機**と呼ばれ，直流電流（時間変化しない電流）をつくる発電機として用いることができる．円筒形の棒磁石を，軸の周りに回転すれば，円筒の縁と軸の間に電位差が生ずるから，円盤と磁石と同様の単極発電機が得られる．

なぜ誘導起電力を生むか

磁場中を動く回路に生ずる誘導電場 $E^{(i)} = v \times B$ は，ポイント 8 で見た回路と同じ速度で動く電荷に働くローレンツ力（$f_B = qv \times B$）と同じ形をしている．回路中の荷電粒子が磁場に対して平均速度 v で動くのだから，ローレンツ力が働くとみなせる．では，誘導電場とローレンツ力はどういうふうに結びつくのだろう．そしてローレンツ力は仕事をしないのに，なぜ仕事そのものの結果である起電力が生ずるのだろう．

その理解のために，図 9.1(d) の単極発電機で生ずる起電力を，ローレンツ力で考えてみよう．図に従えば，円盤の回転は右回りであるから，円盤の左の縁の速度は上向きである．磁場は紙面のこちら側から背面に向かうから，ローレンツ力により導体の正電荷は縁に向かう力を受け，負電荷は回転軸に向かう力を受ける．こうして，導体中の動きうる電荷は，その符号によらず移動して偏って分布し，縁と軸の間に縁で高く軸で低い電位差をつくる．このクーロン相互作用による電位差が起電力となるのである．

円盤と同じことが，コイルのような回路でも起こる．すでに述べたように，回路の各場所に沿って，$(v \times B)dr$ の起電力が生まれるが，このうち回路方向の成分が線積分で残れば，回転円盤同様の電位差が，回路の一周で発生して起電力となるのである．じっさい，全電場 E は重ね合わせの原理から，誘導電場 $E^{(i)}$ に静電場 $E^{(s)}$ を加えた

$$E = E^{(s)} + E^{(i)} = -\nabla V + v \times B \qquad (9.6\mathrm{a})$$

である．ローレンツ力で，正電荷と負電荷が別れて移動すると，それらの

間にクーロン相互作用で引力が生ずるが,両者が釣り合いに達して,全電場が $E=0$ となれば,電荷は移動できなくなる.このとき,$\nabla V = v \times B$ であるから,両辺をコイルに沿って,端の微小なギャップ(間隙) A, B を除いて線積分すれば,ギャップ間の電位差は,

$$V(\mathrm{B}) - V(\mathrm{A}) = \int_\mathrm{A}^\mathrm{B} (v \times B) dr = \int_\mathrm{A}^\mathrm{B} E^{(\mathrm{i})} \cdot dr \qquad (9.6\mathrm{b})$$

となって,誘導電場の積分に等しくなる.

ローレンツ力は,荷電粒子に直接仕事をしないが,円盤やコイルのように幾何学的に制限された空間では,荷電粒子の分布を偏らせる作用をするから,偏った電荷分布で生ずる電位差に等しい誘導起電力を生ずるのである.

電気をつくる──発電機の原理

電気をつくる原理はいろいろある.すでに見たボルタなどの電池は,化学作用に基づいている.太陽光発電は,量子効果という物理作用による.他にも温度差のある熱源による熱力学作用も有用である.しかし,われわれが普段使う電気をつくる原理は電磁誘導である.発電を含め,電磁誘導の重要な応用のいくつかを考えていこう.

簡単のために,x 方向の一定磁場 $B = (B, 0, 0)$ 中に,面積 S,巻き数 N のコイルを置いたとする(図 9.4(a)).

コイル面の法線方向を $\widehat{n}$ とし,法線方向と磁場のなす角を ϕ とすると,コイルを貫く全磁束は,

$$\Phi = NSB \cdot \widehat{n} = NBS \cos\phi \qquad (9.7\mathrm{a})$$

である.さらに,コイルは y 方向を軸として回転する(回転子)とし,その周期を T とすれば,角度 ϕ は時間の関数として,$\phi = (2\pi/T)t = \omega t$ と表わすことができる.ここに $\omega = 2\pi/T$ は,1秒の間に角度(ラジアン)がどれほど進むかを示す量で,角速度または角振動数と呼ばれる[*3].したがって,(9.7a)は,

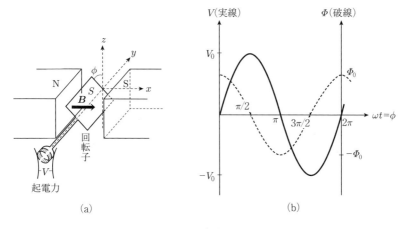

図 9.4　電気をつくる

$$\Phi = \Phi_0 \cos \omega t, \quad \Phi_0 = NBS \tag{9.7b}$$

回転コイルによる起電力は (9.1) よりただちに得られて,

$$V = V(t) = -\frac{d\Phi}{dt} = V_0 \sin \omega t, \quad V_0 = NBS\omega \tag{9.7c}$$

となる. 起電力は, 角振動数 ω (振動数 $f = 2\pi\omega$), 振れ幅 (振幅) V_0 の正弦波交流である (図 9.4(b)).

発電機では, コイルの回転は, 水力や火力 (蒸気の膨張を利用), 風力などをエネルギー源として, 力学的に回転子を回している. 逆に, 電気エネルギーを, 電磁誘導を介して磁場中でコイルの回転に変えれば, 電動機 (モーター) が得られる. コイルを回転させないで, 磁場を回転させても, 発電機ないし電動機として応用できる. この場合は, コイルを止めて磁極を回転させればよい. なお, 回転子型で直流発電するには, 回転子にブラシをつけて, 1 周期ごとに交流電流を逆転 (整流) するのが普通である (直流モーターでも同様). 回転円盤を用いる直流 (単極) 発電機については,

---

*3 1 秒間に何回振動するかを表わす振動数 (周波数) は, $f = 2\pi\omega$ (単位はヘルツ Hz).

前に述べた(図 9.1(d)).

ところで,起電力(電圧)が V のとき,抵抗 R をつなぐとジュール熱 $W = V^2/R$ が発生する(ポイント 7 参照). いま起電力が,(9.7c)で与えられる正弦波交流のときのジュール熱について考えよう.

例題 9.3

(a) 起電力が(9.7c)のとき抵抗 R で発生するジュール熱 $W = V^2/R$ の時間変化を図示せよ. 時間は周期 T ごとに描け.

(b) 上のジュール熱の周期ごとの平均値 $\langle W \rangle = T^{-1}\int_0^T V^2/R\, dt$ を求めよ.[ヒント]$\omega t = 2\pi t/T = \phi$ と置き,例題 8.5 の結果を用いよ.

[解](a) 図 9.5 を見よ.

(b)
$$T^{-1}\int_0^T V^2/R\, dt = (V_0^2/R)(\omega T)^{-1}\int_0^T \sin^2 \omega t\, (\omega dt)$$
$$= (V_0^2/R)(2\pi)^{-1}\int_0^{2\pi} \sin^2 \phi\, d\phi$$
$$= \frac{1}{2}V_0^2/R \qquad \blacksquare$$

例題 9.3 の結果から,ジュール熱は,図 9.5(a)に示したとおり,平均値 $\frac{1}{2}V_0^2/R$ を中心に角振動数 $2\omega = 4\pi/T$ で振動する. この平均値を与える直流電源の電圧を,電圧の**実効値** V_eff という(図 9.5(b)).正弦波電圧に対する実効値は,$V_\text{eff} = \frac{1}{\sqrt{2}}V_0$ であり,電圧の振幅の $\frac{1}{\sqrt{2}} = 0.707$ 倍である. 対応する交流電流については,その振幅を I_0 と置けば,ジュール熱の平均値は $\frac{1}{2}I_0^2 R$ であり,電流の実効値は,$I_\text{eff} = \frac{1}{\sqrt{2}}I_0$ である. 三角波や,矩形波など他の交流電源に対しても,平均ジュール熱から,実効値を電圧ないし電流について定義できる. なお,家庭で使用する交流電源の電圧の実効値は 100 V であり,振動数(周波数)は,関東で 50 Hz,関西で 60 Hz である.

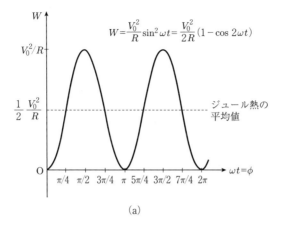

(a)

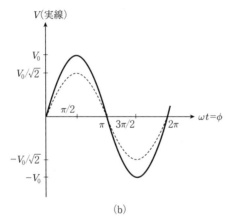

(b)

図 9.5 交流の実効値. (a)抵抗で発生するジュール熱 $W = V^2/R$ のグラフ, (b)電圧の実効値 $V_\text{eff} = (1/\sqrt{2})\,V_0$

　電圧を変える変圧器も, (9.7c)から理解できる. 図 9.1(a)で交流を巻き数 N_A のコイル A(1 次コイル)に入れ, 巻き数 N_B のコイル B(2 次コイル)から出すとしよう. 振動数は変わらないから, (9.7c)から,

$$\frac{V_\text{A}}{N_\text{A}} = \frac{V_\text{B}}{N_\text{B}} \quad \text{すなわち,} \quad \frac{V_\text{A}}{V_\text{B}} = \frac{N_\text{A}}{N_\text{B}} \tag{9.8a}$$

となり，電圧は巻き数の比に比例して変圧される．一方，電流 I については，各コイルで発生するエネルギー（電力，$W = VI$）は等しいから，電圧と違い電流は巻き数の比に反比例である．

$$\frac{I_A}{I_B} = \frac{N_B}{N_A} \tag{9.8b}$$

ポイント 10

ベクトルポテンシャルとは何か

ポイント 4 で，静電場は渦なし（rot $E^{(s)} = 0$）の性質から，スカラーポテンシャル（電位）により統一的に記述できることを見た．同じようにして静磁場は，湧き出しなし（div $B = 0$）の性質からベクトルポテンシャルというベクトル場で，統一的に理解できることを見よう．

ベクトルポテンシャルの由来

ポイント 4 で，静電場が，スカラーポテンシャル（電位）によって統一的に記述できることを見た．この際，電場のする仕事が道筋によらないことが重要で，その結果，電場が渦なしであることを示した（(4.2d)，$\text{rot}\,\boldsymbol{E}^{(\text{s})} = 0$)．逆に，電場が渦なしなら，恒等式(5.7) $\text{rot}\,\text{grad}\,f = \nabla \times \nabla f = 0$ から，電場がポテンシャルを持つと言える．

一方，磁場に関しては，磁石による磁場に対しても(3.16b)，電流による磁場に対しても(8.7)，$\text{div}\,\boldsymbol{B} = 0$ である．これより，磁場をあるベクトル場の回転で表わすことができる．詳しく見ていこう．

まず，例題 5.4 にならって，次のベクトル解析の例題を解こう．

── 例題 10.1 ──

ベクトル場 $\boldsymbol{A}$ に対し以下を示せ．
(a) $\text{div}\,\text{rot}\,\boldsymbol{A} = 0$
  微分演算記号では，$\nabla(\nabla \times \boldsymbol{A}) = 0$ （恒等式） (10.1)
(b) $\text{rot}\,\text{rot}\,\boldsymbol{A} = \text{grad}\,\text{div}\,\boldsymbol{A} - \text{div}\,\text{grad}\,\boldsymbol{A}$
  微分演算記号では，$\nabla \times (\nabla \times \boldsymbol{A}) = \nabla(\nabla \cdot \boldsymbol{A}) - \Delta\boldsymbol{A}$

[解] (a) div，rot の定義から，

$$\text{div}\left(\frac{\partial A_z}{\partial y} - \frac{\partial A_y}{\partial z}, \frac{\partial A_x}{\partial z} - \frac{\partial A_z}{\partial x}, \frac{\partial A_y}{\partial x} - \frac{\partial A_x}{\partial y}\right)$$

$$= \frac{\partial}{\partial x}\left(\frac{\partial A_z}{\partial y} - \frac{\partial A_y}{\partial z}\right) + \frac{\partial}{\partial y}\left(\frac{\partial A_x}{\partial z} - \frac{\partial A_z}{\partial x}\right) + \frac{\partial}{\partial z}\left(\frac{\partial A_y}{\partial x} - \frac{\partial A_x}{\partial y}\right)$$

$$= \frac{\partial^2 A_z}{\partial y \partial x} - \frac{\partial^2 A_z}{\partial x \partial y} - \frac{\partial^2 A_y}{\partial z \partial x} + \frac{\partial^2 A_y}{\partial x \partial z} + \frac{\partial^2 A_x}{\partial z \partial y} - \frac{\partial^2 A_x}{\partial y \partial z}$$

$$= 0$$

(b) x 成分を計算すると，

$$\begin{aligned}
(\operatorname{rot}\operatorname{rot}\boldsymbol{A})_x &= \frac{\partial}{\partial y}(\operatorname{rot}\boldsymbol{A})_z - \frac{\partial}{\partial z}(\operatorname{rot}\boldsymbol{A})_y \\
&= \frac{\partial}{\partial y}\left(\frac{\partial A_y}{\partial x} - \frac{\partial A_x}{\partial y}\right) - \frac{\partial}{\partial z}\left(\frac{\partial A_x}{\partial z} - \frac{\partial A_z}{\partial x}\right) \\
&= \frac{\partial^2 A_y}{\partial x \partial y} + \frac{\partial^2 A_z}{\partial x \partial z} - \frac{\partial^2 A_x}{\partial y^2} - \frac{\partial^2 A_x}{\partial z^2} \\
&= \frac{\partial}{\partial x}\left(\frac{\partial A_x}{\partial x} + \frac{\partial A_y}{\partial y} + \frac{\partial A_z}{\partial z}\right) - \left(\frac{\partial^2 A_x}{\partial x^2} + \frac{\partial^2 A_x}{\partial y^2} + \frac{\partial^2 A_x}{\partial z^2}\right) \\
&= (\operatorname{grad}\operatorname{div}\boldsymbol{A})_x - (\operatorname{div}\operatorname{grad}\boldsymbol{A})_x = \{\nabla(\nabla\cdot\boldsymbol{A}) - \Delta\boldsymbol{A}\}_x
\end{aligned}$$

他の成分については，各自示してみよ．

恒等式(5.7)から，電場がポテンシャルの勾配で表わせたように，恒等式(10.1)により，磁束密度ベクトルを，ベクトル場の回転で書くことができる．

$$\boldsymbol{B} = \operatorname{rot}\boldsymbol{A} \tag{10.2}$$

ここで，$\boldsymbol{A}$ はベクトルポテンシャルと呼ばれる．

ベクトルポテンシャルによって，ファラデーの法則はどう記述できるのだろう．電磁誘導の法則の微分形(9.3)に，(10.2)を代入すれば，$\operatorname{rot}\boldsymbol{E}^{(i)} = -\dfrac{\partial \boldsymbol{B}}{\partial t} = -\operatorname{rot}\left(\dfrac{\partial \boldsymbol{A}}{\partial t}\right)$ となるから，

$$\boldsymbol{E}^{(i)} = -\frac{\partial \boldsymbol{A}}{\partial t} \tag{10.3}$$

が言える．

> ベクトルポテンシャルの時間変化の逆符号が，誘導電場を与える．

誘導電場の表現(10.3)は，(9.5b)とどう関わるのだろう．このことを含めて，ベクトルポテンシャルの物理的意味を探るために，$\boldsymbol{A}$ の満たすべき方程式を求めよう．磁場をベクトルポテンシャルで与える式(10.2)をアンペールの法則(8.8c)に代入して，例題10.1(b)を用いれば，

164——ポイント10 ● ベクトルポテンシャルとは何か

$$\Delta \boldsymbol{A} - \operatorname{grad} \operatorname{div} \boldsymbol{A} = -\mu_0 \boldsymbol{j}_{\mathrm{C}} \qquad (10.4\mathrm{a})$$

である．

ゲージ不変性

これまでに何度も触れた恒等式(5.7)より，ベクトルポテンシャルには，スカラー関数の勾配を加えても変わらない，という任意性がある．じっさい，χ を任意のスカラー関数として，その勾配をベクトルポテンシャルに加えて，

$$\boldsymbol{A}^* = \boldsymbol{A} + \operatorname{grad} \chi = \boldsymbol{A} + \nabla \chi \qquad (10.5\mathrm{a})$$

としてみよう．恒等式(5.7)より $\operatorname{rot} \operatorname{grad} \chi = \nabla \times \nabla \chi = 0$ であるから，

$$\operatorname{rot} \boldsymbol{A}^* = \operatorname{rot} \boldsymbol{A} = \boldsymbol{B} \qquad (10.6\mathrm{a})$$

となって，$\boldsymbol{A}^*$ も $\boldsymbol{A}$ と同じ磁場 $\boldsymbol{B}$ を与える．これは，電場のポテンシャルが，エネルギーの基準を与えないと決まらないこと，言い換えると定数だけの任意性を持ったことに対応する．

なお，(10.5a)は，ベクトルポテンシャルについての関数変換であり，後に述べる電磁場の**ゲージ変換**[*1]の一部をなす．この変換に対する磁場の一意性(10.6a)を，**ゲージ不変性**と呼ぶ．ゲージ変換は，(10.5a)だけでは不完全である．電場には，誘導電場のほかに，(10.2)に示したとおり，電位で与えられる静電場もあるから，ベクトルポテンシャルが時間変化する場合の全電場は，

$$\boldsymbol{E} = \boldsymbol{E}^{(\mathrm{s})} + \boldsymbol{E}^{(\mathrm{i})} = -\nabla V - \frac{\partial \boldsymbol{A}}{\partial t} \qquad (10.7)$$

である．そこで，ベクトルポテンシャルに対しゲージ変換(10.5a)を行なえば，(10.7)の右辺には，$-\dfrac{\partial (\nabla \chi)}{\partial t}$ の項が加わり，電場が変わってしま

[*1] ゲージ(gauge)は，目盛り，尺度を表わす言葉で，ドイツ語のアイヒェ(die Eiche)から来た．

う．電場を不変に保つには，(10.5a)と同時に，電位に対するゲージ変換とそれに伴う電場の変換,

$$V^* = V - \frac{\partial \chi}{\partial t} \longrightarrow E^* = -\nabla V^* - \frac{\partial A^*}{\partial t} \tag{10.5b}$$

を行なわなければならない．ベクトルポテンシャルおよびスカラーポテンシャルに対するゲージ変換(10.5a)と(10.5b)に対し，**磁場と電場は不変**となる(これらのポテンシャルを，電磁ポテンシャルと呼ぼう).

$$\mathrm{rot}\,A^* = \mathrm{rot}\,A = B, \quad E^* = E \tag{10.6b}$$

----- 例題 10.2 -----

全電場の電磁ポテンシャルによる表式とベクトルポテンシャルの定義から，電磁誘導の法則が自動的に導かれることを示せ．

[解] (10.7)の両辺の rot をとれば，∇V は消え，(10.2)より，電磁誘導の式(9.3)が出る．

$$\mathrm{rot}\,E^{(\mathrm{i})} = -\frac{\partial}{\partial t}\mathrm{rot}\,A = -\frac{\partial B}{\partial t}$$

電磁ポテンシャルの任意性を利用して，方程式(10.4a)を簡単化しよう．この任意性から，A と V に対し1つの条件，言い換えるとゲージを選ぶことができる．ここでは付加条件として，

$$\mathrm{div}\,A = 0 \tag{10.4b}$$

を採用しよう(こうして選んだゲージを，**クーロンゲージ**という)．クーロンゲージで(10.4a)は，電位に対するポアソン方程式(5.8)と同型になる．

$$\Delta A = -\mu_0 \boldsymbol{j}_\mathrm{C} \tag{10.4c}$$

すでに，ポイント5で示したとおり，電位に対するポアソン方程式の解は(5.4c)あるいは(5.9a)で与えられるから，ベクトルポテンシャルの解もすぐに得られる．

$$\boldsymbol{A} = \mu_0 \int_{\text{全系}} d^3 \boldsymbol{r}' \frac{\boldsymbol{j}_\text{C}(\boldsymbol{r}')}{4\pi |\boldsymbol{r} - \boldsymbol{r}'|} \qquad (10.4\text{d})$$

電位が電荷を源として(5.4)ないしは(5.9a)によって直接決まるように，ベクトルポテンシャルは，電流を源として直接(10.4d)で決められるのである．$\boldsymbol{A}$ と V とで，$\boldsymbol{B}$ と $\boldsymbol{E}$，つまり電磁場が統一的に記述できることがわかった．ここで，次の例題を解こう．

―― 例題 10.3 ――

式(10.4d)の $\boldsymbol{A}$ が，(10.4c)を満たすことを示せ．

[解] クーロンポテンシャルは，(5.9b)，(5.9c)より電場の点源であるから，

$$\begin{aligned}
\Delta \boldsymbol{A} &= \mu_0 \int_{\text{全系}} d^3 \boldsymbol{r}' \boldsymbol{j}_\text{C}(\boldsymbol{r}') \Delta \left(\frac{1}{4\pi |\boldsymbol{r} - \boldsymbol{r}'|} \right) \\
&= -\mu_0 \int_{\text{全系}} d^3 \boldsymbol{r}' \boldsymbol{j}_\text{C}(\boldsymbol{r}') \delta(\boldsymbol{r} - \boldsymbol{r}') \\
&= -\mu_0 \boldsymbol{j}_\text{C}(\boldsymbol{r}) \qquad (10.4\text{e})
\end{aligned}$$

となる．

電流密度によるベクトルポテンシャルを得ることができたが，ループ電流による磁場のベクトルポテンシャルはどう求めたらよいだろうか．磁場はすでに(8.6a)に与えたとおり，$\boldsymbol{R} = \boldsymbol{r} - \boldsymbol{r}'$ として，

$$\boldsymbol{B}(\boldsymbol{r}) = \frac{\mu_0}{4\pi} \oint \frac{I_\text{C} d\boldsymbol{r}' \times \boldsymbol{R}}{R^3} = \frac{\mu_0}{4\pi} \oint \frac{I_\text{C} d\boldsymbol{r}' \times (\boldsymbol{r} - \boldsymbol{r}')}{|\boldsymbol{r} - \boldsymbol{r}'|^3} \qquad (8.6\text{a})$$

であった．この結果から，対応するベクトルポテンシャルを直接求めよう．まず，

$$\nabla \left(\frac{1}{|\boldsymbol{r} - \boldsymbol{r}'|} \right) = -\frac{\boldsymbol{r} - \boldsymbol{r}'}{|\boldsymbol{r} - \boldsymbol{r}'|^3} \quad \text{あるいは} \quad \nabla \left(\frac{1}{R} \right) = -\frac{\boldsymbol{R}}{R^3} \qquad (10.8\text{a})$$

に注意すれば，次の関係を示すことができる．

$$\frac{d\boldsymbol{r}' \times \boldsymbol{R}}{R^3} = -d\boldsymbol{r}' \times \nabla\left(\frac{1}{R}\right) = \nabla \times \left(\frac{d\boldsymbol{r}'}{|\boldsymbol{r}-\boldsymbol{r}'|}\right) = \mathrm{rot}\left(\frac{d\boldsymbol{r}'}{|\boldsymbol{r}-\boldsymbol{r}'|}\right) \tag{10.8b}$$

この関係を (8.6a) と比べれば，直ちにベクトルポテンシャルが得られる．

$$\boldsymbol{B} = \frac{\mu_0}{4\pi}\mathrm{rot}\left(\oint \frac{I_\mathrm{C} d\boldsymbol{r}'}{R}\right) = \frac{\mu_0}{4\pi}\mathrm{rot}\left(\oint \frac{I_\mathrm{C} d\boldsymbol{r}'}{|\boldsymbol{r}-\boldsymbol{r}'|}\right) \to \tag{10.9a}$$

$$\boldsymbol{A} = \frac{\mu_0}{4\pi}\oint \frac{I_\mathrm{C} d\boldsymbol{r}'}{|\boldsymbol{r}-\boldsymbol{r}'|} \tag{10.9b}$$

これらを見ると，電流密度とループ電流の対応は，式 (10.4d) と比べれば，… の部分を同じ関数として，次で与えられることがわかる．

$$\int d^3\boldsymbol{r}' \boldsymbol{j}_\mathrm{C}(\boldsymbol{r}')\ldots \quad \longleftrightarrow \quad \oint I_\mathrm{C} d\boldsymbol{r}' \ldots$$

例題 10.4

(10.8a), (10.8b) の関係を示せ．

[解] (10.8a) の x についての微分を実行すると，

$$\frac{\partial}{\partial x}\left(\frac{1}{|\boldsymbol{r}-\boldsymbol{r}'|}\right) = \left.\frac{\partial R}{\partial x}\right|_{R=|\boldsymbol{r}-\boldsymbol{r}'|} \frac{d}{dR}\left(\frac{1}{R}\right) = \frac{x-x'}{R}\left(-\frac{1}{R^2}\right) = -\frac{x-x'}{R^3}.$$

y, z の微分も同様に実行してまとめると，(10.8a) が得られる．

(10.8b) の左辺のベクトル積を成分ごとに計算すると

$$d\boldsymbol{r}' \times \nabla R^{-1}$$
$$= \left(dy'\frac{\partial R^{-1}}{\partial z} - dz'\frac{\partial R^{-1}}{\partial y},\ dz'\frac{\partial R^{-1}}{\partial x} - dx'\frac{\partial R^{-1}}{\partial z},\ dx'\frac{\partial R^{-1}}{\partial y} - dy'\frac{\partial R^{-1}}{\partial x}\right)$$
$$- \left(\frac{\partial R^{-1}}{\partial y}dz' - \frac{\partial R^{-1}}{\partial z}dy',\ \frac{\partial R^{-1}}{\partial z}dx' - \frac{\partial R^{-1}}{\partial x}dz',\ \frac{\partial R^{-1}}{\partial x}dy' - \frac{\partial R^{-1}}{\partial y}dx'\right)$$
$$= -\nabla \times \left(\frac{d\boldsymbol{r}'}{R}\right) = -\mathrm{rot}\left(\frac{d\boldsymbol{r}'}{|\boldsymbol{r}-\boldsymbol{r}'|}\right) \to (10.8\mathrm{b})$$

微小円電流のベクトルポテンシャル

得られたループ電流のベクトルポテンシャル(10.9b)の応用として, 微小円電流の場合を例題で考えてみよう.

例題 10.5

ポイント 8 の「円電流のつくる磁場」と同じ設定を採用して, 半径 a の円電流によるベクトルポテンシャルの,
(a) 遠距離での近似式を求め,
(b) その回転を計算して, 磁場を求め, 式(8.11a, b)の結果と比べよ.

周回積分を円の動径の偏角の積分とし, 例題 8.5 の結果を用いよ.

[解] (a) $r \gg a$ のとき $|\bm{r} - \bm{r}'|^{-1} \approx \{r^2 - 2a(x\cos\phi + y\sin\phi)\}^{-\frac{1}{2}} = r^{-1} + ar^{-3}(x\cos\phi + y\sin\phi)$ と(8.11b)を用いれば,

$$\bm{A} = \frac{\mu_0 I_\mathrm{C}}{4\pi} \int_0^{2\pi} d\phi \{ar^{-1}(-\sin\phi, \cos\phi, 0)$$
$$+ a^2 r^{-3}(-x\cos\phi\sin\phi - y\sin^2\phi, x\cos^2\phi + y\cos\phi\sin\phi, 0)\}$$
$$= \frac{\mu_0 I_\mathrm{C}}{4\pi} \pi a^2 r^{-3}(-y, x, 0) = \frac{\mu_0}{4\pi} \frac{\bm{m} \times \bm{r}}{r^3} \qquad (10.10\mathrm{a})$$

ただし, $\bm{m} = I_\mathrm{C} \pi a^2 \hat{\bm{z}}$ は, 円電流の磁気モーメントである.

(b) (10.10a)より,

$$\mathrm{rot}(r^{-3}\bm{m} \times \bm{r}) = \left(-\frac{\partial}{\partial z}(r^{-3}x), -\frac{\partial}{\partial z}(r^{-3}y), \frac{\partial}{\partial x}(r^{-3}x) + \frac{\partial}{\partial y}(r^{-3}y)\right)$$
$$= r^{-3}(3r^{-2}xz, 3r^{-2}yz, 1 - 3r^{-2}x^2 + 1 - 3r^{-2}y^2)$$
$$= r^{-3}\{-(0, 0, 1) + 3r^{-2}(x, y, z)z\}$$
$$\mathrm{rot}\bm{A} = \frac{\mu_0 I_\mathrm{C}}{4\pi} \pi a^2 r^{-3}\{3r^{-2}(x, y, z)z - (0, 0, 1)\}$$
$$= \frac{\mu_0}{4\pi} 3r^{-5}\bm{r}(\bm{m}\cdot\bm{r}) - r^{-3}\bm{m} = \bm{B} \qquad (10.10\mathrm{b})$$

これは, 円電流の磁場(8.11b)に他ならない.

ベクトルポテンシャルの物理的性質

ベクトルポテンシャルについて，物理的に考えてみよう．すでに見たように，ベクトルポテンシャルは電流を源として直接定められた．電流との関係をもっと詳しく見るために，ループは大きいとして，ループ電流が直線電流とみなせる場合をとる．

このとき磁場は直線電流について軸対称であることに注意し，(10.9b)の積分を z 軸に沿って行なうと，$r' = (0, 0, z')$，$dr' = (0, 0, dz')$ であるから，ベクトルポテンシャルは z 成分しかもたないので $\bm{A} = (0, 0, A_z)$．つまり，**ベクトルポテンシャルは電流に沿う**．さらに軸対称性から，A_z は，軸からの距離（ρ とする）のみによる．じっさい(10.9b)は，直線電流に対し以下のようになる．

$$\bm{A} = (0, 0, A_z(\rho)), \quad A_z(\rho) = \frac{\mu_0}{4\pi} \int_{-\infty}^{\infty} \frac{I_C dz'}{\sqrt{z'^2 + \rho^2}} \quad (10.11a)$$

ただし，場を考える点（$\bm{r} = (x, y, z) = (\rho\cos\phi, \rho\sin\phi, z)$）の z 座標は，置き換え $(z' - z) \to z'$ を行なって新しい積分変数に吸収した（これが，ベクトルポテンシャルが z によらない理由である）．この式からわかるとおり，ベクトルポテンシャルの大きさは，動径 ρ の増加につれ，言い換えると電流から遠ざかるにつれ減少する．

このような動径依存があれば，場に回転が生ずることを，例題 4.8 に出てきた軸対称の場ですでに見た．そこでの結果（例題 4.8 の(3)）によれば，

> 直線電流によるベクトルポテンシャルの回転は，$\mathrm{rot}\bm{A} = -\dfrac{dA_z(\rho)}{d\rho}\widehat{\bm{\phi}}$ で与えられ，電流を取り巻く渦をなす．

この回転を(10.11a)から求めよう．そのために，次の例題を解こう．

例題 10.6

(10.11a)の両辺を ρ で微分した結果の右辺の定積分を，例題 8.2 の解に従って計算せよ．

[解] (10.11a) より

$$\frac{dA_z(\rho)}{d\rho} = -\frac{\mu_0}{4\pi} \lim_{L\to\infty} \int_{-L}^{L} \frac{I_C dz\, \rho}{(z^2+\rho^2)^{3/2}} = -\frac{\mu_0 I_C}{4\pi}\left(\frac{2}{\rho}\right)$$

例題 10.6 の答から,直線電流の磁場は,

$$\boldsymbol{B} = \mathrm{rot}\boldsymbol{A} = -\frac{dA_z(\rho)}{d\rho}\widehat{\boldsymbol{\phi}} = \frac{\mu_0 I_C}{4\pi}\left(\frac{2}{\rho}\right)\widehat{\boldsymbol{\phi}} \tag{10.11b}$$

となり,ビオ-サバールの実験結果(8.5)および例題 8.2 を再現する.

これまでで,ベクトルポテンシャルの物理的意味が明らかとなった.そこで,改めて電磁誘導を見直そう.まず,(9.3)より,電荷という源がなくても磁場の時間変化が電場を誘導する.より直接的には,(10.5b)から,ベクトルポテンシャルの時間変化が誘導電場を空間の各点に生じさせる.すでに見たとおり $\boldsymbol{A}$ の起源は電流であり,その時間変化は電流の変化で生ずる.磁場の変化もベクトルポテンシャルの変化も,電流変化によるのであり,その結果,電荷なしで電場が誘導される.

一方,電磁誘導は,コイルが磁場中に運動する結果生ずる誘導電場 $\boldsymbol{v}\times\boldsymbol{B}$ によっても起こることを見た.これは,ベクトルポテンシャルの時間変化とは異なる.むしろローレンツ力によるとみなせる.なぜローレンツ力が誘導起電力を生むかは,ポイント9 に詳しく考察した通りである.

ループ電流の回路系ポテンシャル

ポイント8で,磁化を介して,磁石の磁場とループ(環)電流の磁場が等価になることを見た.以下に,ループ電流の回路系を考えてゆこう.

磁場中に置かれたループ(環)電流には,磁場によるローレンツ力が働くから,ループ電流を移動させれば,磁場のする仕事から(電気)力学的ポテンシャルが定義できる.さらに,磁場が別のループ電流によるものであれば,このポテンシャルから,電流間の力学的相互作用が導かれるだろう.

この予想のもとに,まず磁場がループ電流にする仕事を求めよう.磁場 $\boldsymbol{B}(\boldsymbol{r})$ の中の閉曲線(回路) C_0 に電流 I_{0C} が流れているとする.ループ電

流の電流素片 $I_{0\mathrm{C}}d\boldsymbol{r}_0$ に働くローレンツ力は，$I_{0\mathrm{C}}d\boldsymbol{r}_0 \times \boldsymbol{B}(\boldsymbol{r})$ であるから，ループ電流の微小変位 $\boldsymbol{r} \to \boldsymbol{r}+d\boldsymbol{r}$ に対して磁場のする微小仕事は，

$$dW = \oint_{\mathrm{C}_0} I_{0\mathrm{C}}d\boldsymbol{r}_0 \times \boldsymbol{B}(\boldsymbol{r}) \cdot d\boldsymbol{r}$$

である．ベクトルの3重積に対する公式 $(\boldsymbol{a} \times \boldsymbol{b})\boldsymbol{c} = (\boldsymbol{b} \times \boldsymbol{c})\boldsymbol{a}$ を用いれば $(d\boldsymbol{r}_0 \times \boldsymbol{B})d\boldsymbol{r} = -\boldsymbol{B}(d\boldsymbol{r}_0 \times d\boldsymbol{r})$ となることに注意してこの微小仕事を $-\infty \to \boldsymbol{r}_0$ にわたって積分すれば，磁場のポテンシャルが求められる．ループの周回積分を，面素を $d\boldsymbol{S} = d\boldsymbol{r}_0 \times d\boldsymbol{r}$ とし，$\boldsymbol{r} = -\infty$ での閉曲線 C_0 を縁として，積分の端点 $\boldsymbol{r}_0$ を含む曲面 $S(\boldsymbol{r}_0)$ 上の面積分に書き換える（図 10.1）．

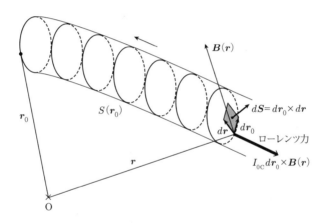

図 10.1 磁場がループ電流にする仕事

これより磁場のする仕事は，

$$\begin{aligned} W &= -\int_{-\infty}^{\boldsymbol{r}_0} \oint_{\mathrm{C}_0} I_{0\mathrm{C}}\boldsymbol{B}(\boldsymbol{r}) \cdot (d\boldsymbol{r}_0 \times d\boldsymbol{r}) \\ &= -\int_{S(\boldsymbol{r}_0)} I_{0\mathrm{C}}\boldsymbol{B}(\boldsymbol{r}) \cdot d\boldsymbol{S} \end{aligned} \quad (10.12\mathrm{a})$$

で与えられる．

上の予想を具体化するために，磁場は，回路 C を流れる電流 I_{C} による

ものとしよう．磁場は(8.6a)から

$$\boldsymbol{B}(\boldsymbol{r}) = \frac{\mu_0}{4\pi} I_\mathrm{C} \oint_\mathrm{C} |\boldsymbol{r}-\boldsymbol{r}'|^{-3} d\boldsymbol{r}' \times (\boldsymbol{r}-\boldsymbol{r}')$$

だから，(10.12a)のポテンシャル W は，

$$\begin{aligned} W &= -I_\mathrm{C} \oint_\mathrm{C} d\boldsymbol{r}' \int_{\mathrm{S}(\boldsymbol{r}_0)} \frac{\mu_0 I_{0\mathrm{C}}}{4\pi} d\boldsymbol{S} \times \frac{\boldsymbol{r}-\boldsymbol{r}'}{|\boldsymbol{r}-\boldsymbol{r}'|^3} \\ &= -I_\mathrm{C} \oint_\mathrm{C} d\boldsymbol{r}' \cdot \boldsymbol{A}_0(\boldsymbol{r}') \end{aligned} \qquad (10.12\mathrm{b})$$

と書き換えられる．ここに(10.10a)より，上式の面積分が，磁気モーメント $I_{0\mathrm{C}} d\boldsymbol{S}$ によるベクトルポテンシャルとなることを用いた．

ここでは，ベクトルポテンシャルをループ電流によるとしたが，磁石についても，磁気モーメントを介して，ベクトルポテンシャルを定義できるから，(10.12b)の $\boldsymbol{A}_0(\boldsymbol{r}')$ は，磁石による回路 C 上の点 $\boldsymbol{r}'$ でのベクトルポテンシャルとしてもよい．そうすると，ポテンシャル W は，磁石をループ電流 I_C のつくる磁場中で移動させたときの仕事とみなせる．

1つのループ電流のポテンシャルが導かれたから，ループ電流の系，あるいは回路系のポテンシャルに進もう．

回路 C_i に電流 $I_{i\mathrm{C}}$ ($i=1,2,\ldots$) が流れているとしよう．すぐ上で見たように回路が2つの場合，回路 C_2 のつくる磁場に，回路 C_1 を持ち込んだときの力のポテンシャル W_{12} は，(10.12b)より，ループ電流 $I_{2\mathrm{C}}$ のベクトルポテンシャル $\boldsymbol{A}_2$ によって，

$$W_{12} = -I_{1\mathrm{C}} \oint_{\mathrm{C}_1} d\boldsymbol{r}_1 \cdot \boldsymbol{A}_2(\boldsymbol{r}_1) \qquad (10.12\mathrm{c})$$

で与えられた．さらに，ループ C_1 の周回積分を，このループを縁とする曲面 S_1 上の面積分に変えると，

$$\begin{aligned} W_{12} &= -I_{1\mathrm{C}} \int_{\mathrm{S}_1} d\boldsymbol{S}_1 \cdot \mathrm{rot}\, \boldsymbol{A}_2(\boldsymbol{r}_1) = -I_{1\mathrm{C}} \int_{\mathrm{S}_1} d\boldsymbol{S}_1 \cdot \boldsymbol{B}_2(\boldsymbol{r}_1) \\ &= -I_{1\mathrm{C}} \Phi_{12} \end{aligned} \qquad (10.12\mathrm{d})$$

となる．ただし，Φ_{12} は，ループ電流 I_{2C} のつくる磁場が，ループ1を貫く磁束である．

$$\Phi_{12} = \int_{S_1} d\boldsymbol{S}_1 \cdot \boldsymbol{B}_2(\boldsymbol{r}_1) \tag{10.12e}$$

ポテンシャル W_{12}，すなわちループ C_1 を電流 I_{2C} による磁場中で動かす仕事は，ループ電流 I_C とそれを貫く磁束 Φ_{12} の積に等しい．

一方，ループ電流によるベクトルポテンシャルの表式(10.9b)を使うと，

$$W_{12} = -I_{1C}I_{2C} \oint_{C_1} \oint_{C_2} \left(\frac{\mu_0}{4\pi}\right) \frac{d\boldsymbol{r}_1 d\boldsymbol{r}_2}{|\boldsymbol{r}_1 - \boldsymbol{r}_2|} \tag{10.12f}$$

が得られる．

同様にして，回路 $j=3$ の磁場によるポテンシャルは，(10.12f)で添え字2を，$j=3$ で置き換え，$\cdots$ というふうに残る回路を次々に取り入れればよい．こうして，回路 C_1 を回路系に持ち込むときのポテンシャルは，$j=2,3,4,\ldots$ の回路による磁場を重ね合わせたポテンシャル $\sum_{j=2} W_{1j}$ で与えられる．これらを，持ち込む各回路 $i=1,2,3,\ldots$ ごとに加えれば，全ポテンシャル W は，

$$W = \frac{1}{2}\sum_{i,j} W_{ij} = -\frac{1}{2}\sum_{i,j} I_{iC}\Phi_{ij}$$
$$= -\frac{1}{2}\sum_{i,j} L_{ij} I_{iC} I_{jC} \quad (\Phi_{ij} = L_{ij}I_{jC}) \tag{10.13a}$$

$$L_{ij} = \frac{\mu_0}{4\pi} \oint_{C_i} \oint_{C_j} \frac{d\boldsymbol{r}_i d\boldsymbol{r}_j}{|\boldsymbol{r}_i - \boldsymbol{r}_j|} = L_{ji} \tag{10.13b}$$

となる．ここに，2重和 $\sum_{i,j}$ の前の $\frac{1}{2}$ は，添え字の交換 $i \leftrightarrow j$ による重なりを避ける工夫である（同様の工夫は，すでに式(5.11b)で見た）．

全ポテンシャルは，回路が互いに相手の回路のつくる磁場の中で定まるゆえ，対称な形をとることに注意しよう．各項 W_{ij} の電流積に比例する係数 L_{ij} は，各回路の位置，形により決まる幾何学的量であり，**相互インダクタンス**(mutual inductance)と呼ばれる．また，係数の対称性

$L_{ij} = L_{ji}$ は，相反定理といわれる．なお，(10.13b)において，$i = j$ と置いた量 $L_{ii} = L_i$ は，**自己インダクタンス** (self inductance) と呼ばれる．ループ電流自身が，自分のつくる磁場から受ける力によるポテンシャルを持つのである．自己インダクタンスでは，積分を行なうと $r_i = r_j$ のとき分母がゼロとなり発散するので，注意を要する．回路の線の太さなどを考慮しなければならない．以後は，自己インダクタンスも含めて，(10.13b)を扱うことにする．

磁場のエネルギー

前項では，回路を磁場に持ち込むとき回路に働く力によるポテンシャルを考えた．磁場は，磁石によるものでも，電流によるものでもよいが，磁場や回路に流れる電流あるいは回路の形に時間変化はないとした．しかし，時間変化に伴って誘導起電力が生ずるから，磁場のエネルギーを求めるには，それらの時間変化による電磁的エネルギーも考えなくてはならない．

ループ C_i を貫く電流 I_{jC} による磁束は，(10.13a)で見たように電流とインダクタンスの積で $\Phi_{ij} = L_{ij} I_{jC}$ で与えられた．他の回路を流れる電流による磁場を重ね合わせれば，ループ C_i を貫く回路系の磁束 Φ_i は，

$$\Phi_i = \sum_j \Phi_{ij} = \sum_j L_{ij} I_{jC} \tag{10.14}$$

で与えられる．このループに発生する起電力は，ファラデーの電磁誘導の法則(9.1)より，$V_i = -\dfrac{d\Phi_i}{dt}$ である．同じループに流れる電流は I_{iC} だから，エネルギー消費率は，$V_i I_{iC} = -I_{iC} \dfrac{d\Phi_i}{dt}$ であり，電流を流し続けるためには，外部から電池などで，対応する仕事を供給しなければならない．

微小時間 dt の間に回路 i で必要な仕事は，$-V_i I_{iC} dt = I_{iC} d\Phi_i$ であるから，回路系全体でのこの間の電磁エネルギー変化 dU_{EM} は，

$$\begin{aligned} dU_{\mathrm{EM}} &= \sum_i I_{iC} d\Phi_i = \sum_{i,j} I_{iC} d(L_{ij} I_{jC}) \\ &= \sum_{i,j} \{ I_{iC} I_{jC} \, dL_{ij} + I_{iC} L_{ij} \, dI_{jC} \} \end{aligned} \tag{10.15a}$$

《磁場のエネルギーをどう定義するか》——175

となる.ただし,dI_{jC} および dL_{ij} は,それぞれ dt の間の電流およびインダクタンスの変化(回路の大きさや変形などによる)である.

回路の要素のこれらの変化に伴って,回路系の電気力学的ポテンシャル W も変わる.その変化は,(10.13a)より(入れ替え $i \leftrightarrow j$ をせよ),

$$dW = -\frac{1}{2}\sum_{i,j} d(I_{iC}I_{jC}L_{ij})$$

$$= -\frac{1}{2}\sum_{i,j}\{I_{jC}L_{ij}\,dI_{iC} + I_{iC}L_{ij}\,dI_{jC} + I_{iC}I_{jC}\,dL_{ij}\}$$

$$= \sum_{i,j}\left\{-\frac{1}{2}(I_{iC}I_{jC}\,dL_{ij}) - I_{iC}L_{ij}\,dI_{jC}\right\} \qquad (10.15\mathrm{b})$$

回路系の全エネルギー U は,電磁的エネルギーと電気力学的エネルギーの和であるから,その変化は(10.15a)と(10.15b)を加えて,

$$dU = dU_{\mathrm{EM}} + dW = \frac{1}{2}\sum_{i,j} I_{iC}I_{jC}\,dL_{ij} \qquad (10.15\mathrm{c})$$

となる.これより,定数をのぞいて回路形の全エネルギーは,次で与えられる.

$$U = U_{\mathrm{EM}} + W = \frac{1}{2}\sum_{i,j} I_{iC}I_{jC}L_{ij} = -W \qquad (10.15\mathrm{d})$$

回路系の全エネルギーが,力学的エネルギーの逆符合に等しいことに注目しよう.

電磁場のエネルギー密度

回路系の全エネルギーを,場の形に表わそう.エネルギーの表式(10.15d)にインダクタンスの定義(10.13b)を用いて変形し,ポイント7およびポイント8で導入した電流密度とベクトルポテンシャルの表式(10.9b)を使えば,

$$U = \frac{1}{2}\sum_{i,j}\oint_{C_i} I_{iC}d\boldsymbol{r}_i\left(\frac{\mu_0}{4\pi}\oint_{C_j}\frac{I_{jC}d\boldsymbol{r}_j}{|\boldsymbol{r}_i - \boldsymbol{r}_j|}\right)$$

$$= \frac{1}{2} \int d^3r \, \boldsymbol{j}_\mathrm{C}(\boldsymbol{r}) \cdot \boldsymbol{A}(\boldsymbol{r}) \tag{10.16a}$$

となる．ただし，$\boldsymbol{j}_\mathrm{C}$ は電流密度であり，体積積分は全空間に及ぶものとする．さらに，透磁率 μ の媒質では，(8.14d) より $\boldsymbol{j}_\mathrm{C} = \mu^{-1} \mathrm{rot} \boldsymbol{B}$ であるから，回路系の全エネルギー，言い換えると磁場のエネルギーは，

$$U = \frac{1}{2\mu} \int d^3r \, \boldsymbol{A}(\boldsymbol{r}) \cdot \mathrm{rot} \boldsymbol{B}(\boldsymbol{r}) \tag{10.16b}$$

と表わせる．さらにこの表式を直接磁場で書くために，次の例題を解こう．

例題 10.7

ベクトル場 $\boldsymbol{a}$, $\boldsymbol{b}$ について，次の恒等式を示せ．

$$\mathrm{div}(\boldsymbol{a} \times \boldsymbol{b}) = \boldsymbol{b} \cdot \mathrm{rot}\,\boldsymbol{a} - \boldsymbol{a} \cdot \mathrm{rot}\,\boldsymbol{b} \tag{10.17}$$

[解] ベクトル計算の定義から

$$\begin{aligned}
\mathrm{div}(\boldsymbol{a} \times \boldsymbol{b}) &= \frac{\partial(a_y b_z - a_z b_y)}{\partial x} + \frac{\partial(a_z b_x - a_x b_z)}{\partial y} + \frac{\partial(a_x b_y - a_y b_x)}{\partial z} \\
&= b_z \frac{\partial a_y}{\partial x} + a_y \frac{\partial b_z}{\partial x} - b_y \frac{\partial a_z}{\partial x} - a_z \frac{\partial b_y}{\partial x} \\
&\quad + b_x \frac{\partial a_z}{\partial y} + a_z \frac{\partial b_x}{\partial y} - b_z \frac{\partial a_x}{\partial y} - a_x \frac{\partial b_z}{\partial y} \\
&\quad + b_y \frac{\partial a_x}{\partial z} + a_x \frac{\partial b_y}{\partial z} - b_x \frac{\partial a_y}{\partial z} - a_y \frac{\partial b_x}{\partial z} \\
&= b_x \left(\frac{\partial a_z}{\partial y} - \frac{\partial a_y}{\partial z} \right) + b_y \left(\frac{\partial a_x}{\partial z} - \frac{\partial a_z}{\partial x} \right) + b_z \left(\frac{\partial a_y}{\partial x} - \frac{\partial a_x}{\partial y} \right) \\
&\quad - a_x \left(\frac{\partial b_z}{\partial y} - \frac{\partial b_y}{\partial z} \right) - a_y \left(\frac{\partial b_x}{\partial z} - \frac{\partial b_z}{\partial x} \right) - a_z \left(\frac{\partial b_y}{\partial x} - \frac{\partial b_x}{\partial y} \right) \\
&= \boldsymbol{b} \cdot \mathrm{rot}\,\boldsymbol{a} - \boldsymbol{a} \cdot \mathrm{rot}\,\boldsymbol{b}
\end{aligned}$$

例題の結果 (10.17) で，$\boldsymbol{a} \to \boldsymbol{A}$, $\boldsymbol{b} \to \boldsymbol{B}$ と置き換えれば，$\boldsymbol{A} \cdot \mathrm{rot} \boldsymbol{B} = \boldsymbol{B} \cdot \mathrm{rot} \boldsymbol{A} - \mathrm{div}(\boldsymbol{A} \times \boldsymbol{B})$ となるから，(10.16b) は，

$$U = \frac{1}{2\mu} \int d^3 r \, (\boldsymbol{B} \cdot \mathrm{rot}\, \boldsymbol{A} - \mathrm{div}(\boldsymbol{A} \times \boldsymbol{B}))$$
$$= \frac{1}{2\mu} \left\{ \int d^3 r \, \boldsymbol{B} \cdot \mathrm{rot}\, \boldsymbol{A} - \int d\boldsymbol{S}(\boldsymbol{A} \times \boldsymbol{B}) \right\}$$
$$= \frac{1}{2\mu} \int d^3 r \, \boldsymbol{B}^2 = \frac{1}{2} \int d^3 r \, \boldsymbol{H} \cdot \boldsymbol{B} \quad (\boldsymbol{H} = \boldsymbol{B}/\mu) \quad (10.16\mathrm{c})$$

となり磁場で表わせた．ただし，発散の項は，ガウスの定理で無限遠の表面積分になり，そこで場は消えるからゼロとなる．これより，磁場には，単位体積当たり，

$$\rho_\mathrm{M} = \frac{1}{2\mu} \boldsymbol{B}^2 = \frac{1}{2} \boldsymbol{H} \cdot \boldsymbol{B} \quad \text{（磁場のエネルギー密度）} \quad (10.18\mathrm{a})$$

のエネルギーが蓄えられていることがわかる．これまでは，回路系の磁場で考えてきたが，磁化を介して，磁石の磁場も回路系と同等であることがわかっているから，上に得た磁場のエネルギーは磁石の磁場にも当てはまる．

磁場のエネルギーを電場のエネルギー密度(6.6d)とあわせれば，電磁場のエネルギー密度 ρ_EM が，

$$\rho_\mathrm{EM} = \rho_\mathrm{E} + \rho_\mathrm{M} = \frac{\varepsilon}{2} \boldsymbol{E}^2 + \frac{1}{2\mu} \boldsymbol{B}^2 = \frac{1}{2}(\boldsymbol{D} \cdot \boldsymbol{E} + \boldsymbol{H} \cdot \boldsymbol{B}) \quad (10.18\mathrm{b})$$

で与えられることがわかる．

ポイント

マクスウェル方程式と電磁波

電磁誘導は，磁場の時間変化が電場に回転をもたらす現象であった．では，電場の時間変化は何をもたらすか．キャパシターの極板間の電場が変われば，回路は開いているにもかかわらず電流が流れる．電束密度の時間変化が，電束電流となる．マクスウェルは，電束電流も磁場の源となるとして，アンペールの法則を修正した（アンペール–マクスウェルの法則）．

電場および磁場に対するガウスの法則，ファラデーの電磁誘導の法則に，アンペール–マクスウェルの法則を合わせた方程式を，マクスウェル方程式とよび，電磁気学の閉じた基本的体系をなす．

閉じていない回路に電流は流れるか

ポイント9とポイント10で見てきた電磁誘導は，磁場の時間変化が電場を誘導する現象であった．では，電場の時間変化は，磁場ないしは電流を誘起しないだろうか．ファラデーもこう予想して，いろいろ実験を試みたようだが，期待した結果は得られなかった．

このファラデーの予想を試せそうな実験を考えてみよう．そのために，ポイント6ですでに登場した平行板キャパシターを復習しよう．平行板の面積を S，極板の間隔を d とし，その間に誘電率 ε の誘電体がはさまれていて，極板は面密度 $\pm\sigma$ に帯電しているとする．

極板間の電場は，大きさが $E = \sigma/\varepsilon$ で方向は，$+$ の極板から $-$ の極板に垂直である．したがって，極板の電位差は $V = Ed = d\sigma/\varepsilon$，全電荷は極板ごとに $\pm Q$ $(Q = \sigma S = (\varepsilon S/d)V = CV = \varepsilon SE)$ となるから，電場が時間変化すれば，極板間に電流

$$I(t) = \frac{dQ}{dt} = S\frac{d(\varepsilon E)}{dt}$$

が流れることになる．

これは驚くべき結果である．なぜなら，極板は絶縁体ではさまれているから，静電場を与えても，電流は流れないはずだからである．極板の間が真空 ($\varepsilon = \varepsilon_0$) でも，やはり電流は流れる．つまり，回路は閉じていなくてもよいというのである．電場が時間変化することが，電流を生む原因になっているのである．

対応する電流密度は，電束密度電流(electric flux density vector)[*1]と呼ばれ，電束密度の変化率に等しい[*2]．

$$\boldsymbol{j}_{\text{EFD}} = \frac{\partial(\varepsilon\boldsymbol{E})}{\partial t} = \frac{\partial \boldsymbol{D}}{\partial t} \tag{11.1}$$

[*1] 提唱者マクスウェルは，分極の変位による電流と考え，**変位電流** (displacement current)と呼んだ．

[*2] 常微分 $\dfrac{d}{dt}$ と偏微分 $\dfrac{\partial}{\partial t}$ を使い分けるのは，通常場は位置依存をもつからである．

《電磁気学の基本法則の徹底理解》―― 181

キャパシターが，電流を通す様子を実験で確かめよう．

実験 11.1（キャパシターの放電時間）

用意するもの　LED 1 個，キャパシター数種（容量 $1\,\mu\mathrm{F}, 100\,\mu\mathrm{F}$, $10^3\,\mu\mathrm{F}$ など），抵抗数個（抵抗値 $100\,\Omega, 10^3\,\Omega, 10^4\,\Omega$），$1.5\,\mathrm{V}$ の電池 3 個を直列にした電源．

　LED と抵抗をつなぎ，キャパシターと並列に結んで，電源につなぐ（図 11.1）．LED をしばらく点灯させてから，電源を切り，LED の様子を観察しよう．キャパシターの容量 C と抵抗 R の組み合わせを取り替えて実験を繰り返すこと．

[結果] $R \times C$ の値が大きいほど，LED は長く点灯し続けた．

　この結果を解析しよう．キャパシターの容量を C，抵抗を R，電源電圧を V とし，電源を切ったとき（時刻 $t=0$）の電極の電荷量を Q_0 と置く．時刻 t での電荷量を $Q(t)$ とすれば，電流は $I(t) = -\dfrac{dQ(t)}{dt}$ であり，抵抗での電圧降下が電極間の電位 $(Q(t)/C)$ に等しいから，

$$RI(t) = \frac{Q(t)}{C} \quad \longrightarrow \quad R\frac{dQ(t)}{dt} = -\frac{Q(t)}{C} \qquad (11.2\mathrm{a})$$

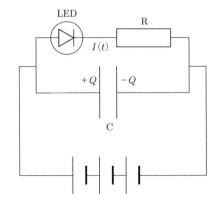

図 11.1　LED と抵抗をつなぎ，キャパシターと並列に結んだ回路．

この方程式を初期条件 $Q(t=0) = Q_0$ のもとに解けば，キャパシターの放電は，

$$Q(t) = Q_0 e^{-(t/RC)} = Q_0 e^{-(t/\tau)}, \quad \tau = RC \tag{11.2b}$$

のように，指数関数的に減少する．初期値の $e^{-1} \approx 1/3$ 程度になる時間 $\tau = RC$ を，RC 回路の**時定数**という．抵抗 R をオーム Ω で測り，容量 C をファラッド F で測ると，RC の単位は秒 s となる．

──── 例題 11.1 ────

実験 11.1 の RC 回路で，次の場合の時定数を求め，実験結果と比べよ．

(a) $R = 100\,\Omega$, $C = 1\,\mu\mathrm{F} = 10^{-6}\,\mathrm{F}$
(b) $R = 10\,\mathrm{k}\Omega = 10^4\,\Omega$, $C = 10^3\,\mu\mathrm{F} = 10^{-3}\,\mathrm{F}$

[解] (a) $\tau = RC = 10^2\,\Omega \times 10^{-6}\,\mathrm{F} = 10^{-4}\,\mathrm{s}$．実験では，電源を切ると瞬時に消えた．

(b) $\tau = RC = 10^4\,\Omega \times 10^{-3}\,\mathrm{F} = 10\,\mathrm{s}$．約 10 秒ほど消えずに点灯し続けてから次第に消えた．

このように，理論は実験結果をよく説明する．

電束電流は磁場をつくるか

前項ではキャパシターを例にとったが，一般の閉じていない回路にもキャパシターがあると考えてよいので，回路が閉じていなくとも，電場の時間変化が電流を流すとみなせる．では，電束電流は磁場をつくるだろうか．

磁場の源である電流は，アンペールの法則(8.8c)の右辺に現れる．電流としては，荷電粒子の流れである担体電流 $\boldsymbol{j}_\mathrm{C}$ に，磁化電流 $\boldsymbol{j}_\mathrm{M}$ が加わることを ポイント 8 で見た (式(8.14b))．さらに，誘電体の分極も，荷電粒子の双極子モーメントの集まりであるから (ポイント 6)，分極の時間変化 $\dfrac{\partial \boldsymbol{P}}{\partial t}$ も

電流 (分極電流 $j_{\mathrm{P}} = \dfrac{\partial \boldsymbol{P}}{\partial t}$) として加わる．

では，前項で考えた電束電流 $\dfrac{\partial \boldsymbol{D}}{\partial t}$ をどうするか．マクスウェルは，この項も磁場の源となるとして，アンペールの法則の拡張 (8.14b) の右辺に加えるべきだとした．

$$\operatorname{rot}\boldsymbol{B} = \mu_0 \left(\boldsymbol{j}_{\mathrm{C}} + \boldsymbol{j}_{\mathrm{M}} + \frac{\partial \boldsymbol{D}}{\partial t} \right) = \mu_0 \left(\boldsymbol{j}_{\mathrm{tot}} + \frac{\partial \boldsymbol{D}}{\partial t} \right) \quad (11.3\mathrm{a})$$

ここに，上に述べた分極電流は，電束電流に含まれていることに注意しよう．さらに考える媒質が，誘電率と透磁率で記述できるとき，それぞれ (6.6b) と (8.14d) が成り立つから，(11.3a) は次となる．

$$\operatorname{rot}\boldsymbol{B} = \mu \boldsymbol{j}_{\mathrm{C}} + \mu_0 \varepsilon \frac{\partial \boldsymbol{E}}{\partial t} \quad (11.3\mathrm{b})$$

アンペールの法則に電束電流を加えた法則 (11.3a) または (11.3b) を，**アンペール-マクスウェルの法則**という．

電荷は保存されるか

電束電流は何をもたらすのだろう．電流が変わっても，電磁気現象の基本である電荷は保たれるのだろうか．まずこれを検証する．

電荷保存には，電流密度の発散が関わるから，変更されたアンペール-マクスウェルの法則 (11.3a) の両辺の発散をとってみよう．ここから先は，例題にするので挑戦してほしい．

───── **例題 11.2** ─────

(11.3a) の両辺の発散をとって，何が導けるか考えよ．[ヒント] 恒等式 (10.1) とガウスの法則 (3.10g) を用いよ．

[解] (11.3a) の両辺の発散をとれば，恒等的に $\operatorname{div}\operatorname{rot} f = 0$，より左辺は消え，また右辺の磁化電流の項も磁化の回転 $\boldsymbol{j}_{\mathrm{M}} = \operatorname{rot}\boldsymbol{M}$ ゆえ消えるので，電束密度にガウスの法則を用いれば，

$$\mathrm{div}\,\mathrm{rot}\boldsymbol{B} = 0 = \mu_0\left(\mathrm{div}\boldsymbol{j}_\mathrm{C} + \frac{\partial(\mathrm{div}\boldsymbol{D})}{\partial t}\right)$$
$$= \mu_0\left(\mathrm{div}\boldsymbol{j}_\mathrm{C} + \frac{\partial \rho_\mathrm{C}}{\partial t}\right) \quad (11.3\mathrm{c})$$

となる.

例題の結果を μ_0 で割れば,電荷保存則(7.4b)に帰着する.以上の導出から明らかに,電束電流がなければ,電荷保存は成り立たない.アンペールの法則のままでは,電荷が保たれないという矛盾が生ずるのである.この矛盾を,電束電流が解消した.電束電流の存在が理論的に裏づけられた.電束電流,言い換えると,アンペール-マクスウェルの法則が,電磁気現象にどういう新しい視野を開くかを,以下に見てゆこう.

電磁気学の体系 ── マクスウェル方程式

電束電流を加えてアンペールの法則を補うことにより,電磁気学の基本法則が出揃う.それらの解の探求に進みたい.

その前に,各法則の物理的内容を簡潔に表わしながら,まとめてみよう.

電磁誘導(ファラデーの法則)
$$\mathrm{rot}\boldsymbol{E} = -\frac{\partial \boldsymbol{B}}{\partial t} \quad (11.4\mathrm{a})$$
電流+電束電流が磁場の源(アンペール-マクスウェルの法則)
$$\mathrm{rot}\boldsymbol{B} = \mu_0\left(\boldsymbol{j}_\mathrm{C} + \boldsymbol{j}_\mathrm{M} + \frac{\partial \boldsymbol{D}}{\partial t}\right) \quad (11.4\mathrm{b})$$
電荷が電場の源(電場のガウスの法則)
$$\mathrm{div}\boldsymbol{D} = \rho_\mathrm{C} \quad (11.4\mathrm{c})$$
単独磁荷はない(磁場のガウスの法則)
$$\mathrm{div}\boldsymbol{B} = 0 \quad (11.4\mathrm{d})$$
媒質中の補助場
$$\boldsymbol{D} = \varepsilon_0\boldsymbol{E} + \boldsymbol{P}, \quad \boldsymbol{H} = \mu_0^{-1}\boldsymbol{B} - \boldsymbol{M} \quad (11.4\mathrm{e})$$

場 H によるアンペール-マクスウェルの法則

$$\mathrm{rot}\boldsymbol{H} = \boldsymbol{j}_\mathrm{C} + \frac{\partial \boldsymbol{D}}{\partial t} \tag{11.4b$'$}$$

電荷の保存則

$$\mathrm{div}\boldsymbol{j}_\mathrm{C} + \frac{\partial \rho_\mathrm{C}}{\partial t} = 0 \tag{11.4f}$$

方程式(11.4a)から(11.4d)の4式をまとめて**マクスウェル方程式**と呼ぶ．これらに速度 $\boldsymbol{v}$ で動く電荷 q に働くローレンツ力の表式，

$$\boldsymbol{f} = q(\boldsymbol{E} + \boldsymbol{v} \times \boldsymbol{B}) \tag{11.5}$$

を加えれば，電磁気学の体系が築かれる．ローレンツ力は，前述のとおり，電場および磁場の定義を与える．なお，電荷保存(11.4f)は，例題11.2からわかるとおり，方程式(11.4b)と(11.4c)の結果と考えてよいからマクスウェル方程式に含めなかった．

マクスウェル方程式の切り開く広大で深遠な世界に踏み入る前に，その基本的な性質を挙げておこう．まず，方程式(11.4a)と(11.4b)は，場としての電場と磁場が，時間および場所について，どう発展するかを支配する．とくに時間発展を決めるから，電磁場についての因果関係を定める．一方，方程式(11.4c)と(11.4d)は，ある時刻で成り立てば，その後いつでも成り立つことを，(11.4a)と(11.4b)により保証される．なぜなら，たとえば(11.4c)の両辺を時間微分し(11.4b)を用いれば，

$$\frac{\partial(\mathrm{div}\boldsymbol{D})}{\partial t} = \mathrm{div}\,(\mu_0^{-1}\mathrm{rot}\boldsymbol{B} - \boldsymbol{j}_\mathrm{C} - \mathrm{rot}\boldsymbol{M}) = -\mathrm{div}\,\boldsymbol{j}_\mathrm{C} = \frac{\partial \rho_\mathrm{C}}{\partial t}$$

となって，(11.4f)に帰着し，(11.4c)が時間によらず成り立つことを示す．

── 例題 11.3 ──

方程式(11.4d)が時間によらず成り立つことを示せ．

[解] (11.4d)の両辺を時間微分し(11.4a)を用いると，$\dfrac{\partial(\mathrm{div}\boldsymbol{B})}{\partial t} =$

$-\mathrm{div}(\mathrm{rot}\boldsymbol{E}) = 0$ となり，時間によらない．

以上の考察から，私たちの解くべき方程式は，(11.4a)と(11.4b)の2式である．与えられた初期条件と境界条件*3の下で，これらの連立方程式の解が何をもたらすだろうか．

電磁波方程式を導く

ファラデーは場の考えに基づいて，電磁場には，波があると考えたという．波は，空間と時間についての物理量の振動現象だから，バネの振動に見るように，変位をもとに戻す作用があるはずである．この作用は，実はマクスウェル方程式自身の中に内在している．ファラデーの法則(11.4a)より，磁場が時間変化すれば，電場の回転が生じ，アンペール-マクスウェルの法則(11.4b)より，電場(電束密度)が時間変化すれば，磁場に回転が生ずる．このようにマクスウェル方程式には，電場と磁場の時間変化および場所依存の交じり合いが含まれていて，一方が増せば，他方が減るというやりとりを継続し，互いの変化を復元しあうので，波ができると予想される．この波，つまり電磁波を記述する方程式を導こう．

いま，(11.4a)および(11.4b)を見直すと，電場と磁場の回転項と時間微分が対称なかたちで入っているから，それぞれの両辺の時間微分あるいは回転をとると，電場だけの式と磁場だけの式に分かれそうである．計算を例題でやってみよう．

例題 11.4

(11.4a)および(11.4b)の両辺の時間微分をとり，それを連立させ，例題10.1(b)の結果を用いてそれぞれ電場と磁場の式にまとめよ．ただし場は，真空で考えてよい．なお，時間微分を $\dfrac{\partial \boldsymbol{B}}{\partial t} = \dot{\boldsymbol{B}}$, $\dfrac{\partial^2 \boldsymbol{E}}{\partial t^2} = \ddot{\boldsymbol{E}}$ のように表わすことにする．

---

*3 方程式の解が境界で満たすべき条件．

[解] まず，(11.4a)を時間微分して電束密度の微分を(11.4b)で書き換えると，$\mathrm{rot}\dot{\boldsymbol{E}} = \varepsilon_0^{-1}\mathrm{rot}\{\mu_0^{-1}\mathrm{rot}\boldsymbol{B} - \boldsymbol{j}_\mathrm{C}\} = -\ddot{\boldsymbol{B}}$. ここで，例題 10.1(b) の結果と(11.4d)を用いると，磁場だけの関係を得る．

$$\left(\Delta - \varepsilon_0\mu_0\frac{\partial^2}{\partial t^2}\right)\boldsymbol{B} = -\mu_0\mathrm{rot}\boldsymbol{j}_\mathrm{C} \quad (11.6\mathrm{a})$$

次に(11.4b)を時間微分すれば，$\mathrm{rot}\dot{\boldsymbol{B}} = -\mathrm{rot}(\mathrm{rot}\boldsymbol{E}) = \mu_0(\dot{\boldsymbol{j}}_\mathrm{C} + \varepsilon_0\ddot{\boldsymbol{E}}) \longrightarrow$

$$\left(\Delta - \varepsilon_0\mu_0\frac{\partial^2}{\partial t^2}\right)\boldsymbol{E} = \varepsilon_0^{-1}\mathrm{grad}\rho_\mathrm{C} + \mu_0\frac{\partial \boldsymbol{j}_\mathrm{C}}{\partial t} \quad (11.6\mathrm{b})$$

となって，電場が分離できた．なお，時間微分の代わりに，最初に rot をとっても同じ結果が出る．各自試みよ．

得られた結果を考察しよう．それぞれの場に作用する微分演算子（ダランベール演算子(d'Alembertian)という），

$$\Box = \Delta - \varepsilon_0\mu_0\frac{\partial^2}{\partial t^2} = \left(\frac{\partial^2}{\partial x^2} + \frac{\partial^2}{\partial y^2} + \frac{\partial^2}{\partial z^2}\right) - \varepsilon_0\mu_0\frac{\partial^2}{\partial t^2} \quad (11.7\mathrm{a})$$

は，空間部分は，ポアソン方程式(5.8)ないしは(10.4c)と同じ形をしている．時間部分まで入れて，(11.6a)と(11.6b)は，時間変化する磁場と電場の源が，それぞれ電流密度の回転と電荷密度の勾配に電流密度の時間微分を加えたものであることを示唆する．じっさい，方程式(11.6a)と(11.6b)の解は，電磁波となるので，これらを**電磁波方程式**と呼ぼう．

電磁ポテンシャルに対する電磁波方程式

 ポイント 10で見たとおり，電磁場を，ベクトルポテンシャル $\boldsymbol{A}$ とスカラーポテンシャル V で記述できる．そこで，前項の時間変化する電磁場に対する方程式をこれらの電磁ポテンシャルに対する方程式に書き直そう．

電磁場の電磁ポテンシャルによる表現は，すでにみたように，式(10.2), (10.7)より

$$\boldsymbol{B} = \mathrm{rot}\boldsymbol{A}, \quad \boldsymbol{E} = -\mathrm{grad}V - \frac{\partial}{\partial t}\boldsymbol{A}$$

である．さらに，式(10.5a)で指摘した電磁場ポテンシャルの任意性を利

用して，ここに対称性のよい付加条件，

$$\mathrm{div}\boldsymbol{A} + \varepsilon_0\mu_0\frac{\partial}{\partial t}V = 0 \tag{11.8}$$

をとる．これを，**ローレンツ条件**といい，こうして選んだゲージを**ローレンツゲージ**と呼ぶ．

まず電位に対する方程式は，(11.8) を時間微分して (10.7) を用いると，

$$0 = \mathrm{div}\frac{\partial}{\partial t}\boldsymbol{A} + \varepsilon_0\mu_0\frac{\partial^2}{\partial t^2}V = -\mathrm{div}\boldsymbol{E} - \nabla\cdot\nabla V + \varepsilon_0\mu_0\frac{\partial^2}{\partial t^2}V$$

であるから，整理すれば，

$$\left(\Delta - \varepsilon_0\mu_0\frac{\partial^2}{\partial t^2}\right)V = \Box V = -(\varepsilon_0)^{-1}(\rho_\mathrm{C} - \mathrm{div}\boldsymbol{P}) \tag{11.9a}$$

となる．最後の式は (11.4e) を用いた．

次にベクトルポテンシャルに対しては，(10.2) を (11.4b) に入れて，例題 10.1(b) の結果を使えば，

$$\mathrm{rot}\boldsymbol{B} = \mathrm{rot}(\mathrm{rot}\boldsymbol{A}) = \nabla(\nabla\cdot\boldsymbol{A}) - \Delta\boldsymbol{A}$$
$$= \mu_0\left(\boldsymbol{j}_\mathrm{C} + \boldsymbol{j}_\mathrm{M} + \varepsilon_0\frac{\partial}{\partial t}\boldsymbol{E} + \frac{\partial}{\partial t}\boldsymbol{P}\right)$$

となる．右辺の $\boldsymbol{E}$ を (10.7) の電磁ポテンシャルで書き，そのうちの電位 V の部分をローレンツ条件 (11.8) を用いてベクトルポテンシャルに置き換えよう．最後に $\boldsymbol{A}$ の項を左辺にまとめれば，ベクトルポテンシャルに対する電磁波方程式を得る．

$$\left(\Delta - \varepsilon_0\mu_0\frac{\partial^2}{\partial t^2}\right)\boldsymbol{A} = \Box\boldsymbol{A} = -\mu_0\left(\boldsymbol{j}_\mathrm{C} + \boldsymbol{j}_\mathrm{M} + \frac{\partial}{\partial t}\boldsymbol{P}\right) \tag{11.9b}$$

時間変化するときの電位とベクトルポテンシャルに対する方程式 (11.9a) と (11.9b) を見ると，右辺には，時間変化のないときと同じく，電荷密度と電流密度がそれぞれの場の源として現れるが，左辺がラプラス演算子からダランベール演算子に代わっている．電磁波をもたらすのは，新しく現れた，時間の 2 階微分の項であり，その出所は，電束電流の時間

微分なのである.

　これまでは，電磁気学の体系が，電場と磁場に対するマクスウェル方程式(11.4a～4f)にまとめられることを見て，電磁波方程式(11.6a, b)を導いた．しかし，この項で見たとおり，電磁ポテンシャル V, $\bm{A}$ によって，磁場と電場は，それぞれ(10.2), (10.7)で置き換えられ，電磁波方程式も，(11.9a, b)と書き換えられた．言い換えると，(11.9a, b)を満たす電磁ポテンシャルがわかれば，磁場と電場が，自動的に求められるのである．

　この際，マクスウェルによって導入された電束電流の効果が，やはり自動的に取り入れられることを強調しておこう．ゲージ不変性を満たす電磁ポテンシャルによる電磁気学の体系は，電磁気学だけでなく，素粒子の相互作用の基本的な体系のお手本となり，**ゲージ場理論**として，現代物理学の基礎をなしている．

　以下の節で，電磁波方程式から，電磁波がどのように現れるかを見ていこう．

電磁波方程式から電磁波を取り出す

　簡単のために，電荷も電流もない場合を考えよう．真空中に電場ないし磁場ができたと考えるのである．このとき，(11.6a)と(11.6b)は，ともにダランベール演算子のもとにゼロとなる．

$$\Box \bm{B} = \left(\Delta - \varepsilon_0 \mu_0 \frac{\partial^2}{\partial t^2} \right) \bm{B} = 0 \qquad (11.6\text{c})$$

$$\Box \bm{E} = \left(\Delta - \varepsilon_0 \mu_0 \frac{\partial^2}{\partial t^2} \right) \bm{E} = 0 \qquad (11.6\text{d})$$

ダランベール演算子のもとにゼロとなる方程式は，解が波として振舞うので，**波動方程式**ともいわれる．

　波とはなんだろう．一般に波は，時間と空間における振動であるが，とくに周期的な振動が重要である[*4]．通常，周期振動は，安定状態にある系

[*4] 周期的な波によって，任意の振動を分解したり，重ね合わせて任意の波形を合成することができる(フーリエ分解およびフーリエ解析)．

を安定から少しずらすと，元に戻ろうとする力(復元力)が働いて生ずる．繰り返しの振動で，最初の位置に戻るまでの時間を**周期**という．波に対しては，波形のある位置，たとえば山からはじめれば，次に山になるまでに波の進む距離を**波長**という．振動や波は，三角関数とくに余弦関数 cos，あるいは正弦関数 sin で表わす．これらは，角度を変数とする関数であるが，これまで同様，度(degree)ではなくて，微分や積分が扱いやすいラジアン(radian)を用いることにする．円の1周360度は，2π ラジアンである．

ところで，磁場および電場に対する方程式，(11.6c)と(11.6d)のどこに波の速度が入っているのだろう．これらの式で唯一次元を持つ量は，真空の誘電率と透磁率の積 $\varepsilon_0 \times \mu_0$ である．例題で考えよう．

例題 11.5

$\varepsilon_0 \times \mu_0$ の単位(次元)を求めよ．

[解] クーロンの法則(3.3)およびアンペールの力の法則(8.4)から真空の誘電率と透磁率の単位は，それぞれ，$C^2 m^{-2} N^{-1}$，$A^{-2} N$ であるから，積は，$s^2 m^{-2} = (m/s)^{-2}$ で，速度の2乗の逆数の単位に等しい．

そこでいま，$\dfrac{1}{\sqrt{\varepsilon_0 \mu_0}} = c$ とおけば，c が求める波の速度である．誘電率と透磁率の積は，アンペール-マクスウェルの法則の電束電流から出てくるから，速度の出現は，電束電流の直接の結果と言えよう．さらに c は，後で光速に等しく，有限であることもわかる．こうしてダランベール演算子(11.7a)は，次となる．

$$\Box = \Delta - \varepsilon_0 \mu_0 \frac{\partial^2}{\partial t^2} = \Delta - c^{-2} \frac{\partial^2}{\partial t^2} \tag{11.7b}$$

さらに，波が，周期 2π の三角関数であるとし，時間の周期が T，波長を λ (ギリシャ文字でラムダと読み，英字の ℓ にあたる)としよう．時間が t たてば，角度変化は $2\pi(t/T)$，距離 z 進めば，角度変化は $2\pi(z/\lambda)$ であるから，全体の角度変化は，$2\pi(z/\lambda \pm t/T)$ となる．例として余弦関数を

とれば，z 方向の波を，

$$f_{\pm}(z,t) = A\cos 2\pi\left(\frac{z}{\lambda} \pm \frac{t}{T}\right) = A\cos(kz \pm \omega t) \quad (11.10\mathrm{a})$$

と表わすことができる．ここに，A は波の振れ幅の半分で**振幅**と呼ばれ，また，波数および角振動数（角速度）をそれぞれ，

$$k = \frac{2\pi}{\lambda} \quad (\text{波数}), \quad \omega = \frac{2\pi}{T} \quad (\text{角振動数}) \quad (11.10\mathrm{b})$$

と定義した．この波の表現にダランベール演算子をかけると，

$$\begin{aligned}\Box f_{\pm}(z,t) &= \left(\frac{\partial^2}{\partial z^2} - \varepsilon_0\mu_0\frac{\partial^2}{\partial t^2}\right)A\cos(kz \pm \omega t) \\ &= -(k^2 - c^{-2}\omega^2)A\cos(kz \pm \omega t)\end{aligned}$$

となるから，(11.10a)が解となる条件は，

$$k^2 - c^{-2}\omega^2 = 0 \quad \longrightarrow \quad \omega = ck, \text{あるいは } c = \lambda\nu \quad (11.10\mathrm{c})$$

である．ただし，単位時間ごとの振動の数 $\nu = \omega/2\pi$ を，**振動数（周波数）**と呼ぶ．角振動数と波数の関係（$\omega = ck$）を**分散関係**という．この関係を振動数で表わした最後の式は，波が振動1回ごとに1波長だけ進むことから明らかであろう．

　三角関数の角度を表わす変数を，**位相**（phase）というが，(11.10a)には位相に $\pm$ を含む2つの解が出てくるのはなぜだろう．まず，波動方程式は，時間について2階であるから，数学的には2つの独立解を持つ．次に，時間部分の符号の違いは，波のどういう性質を表わすかを調べるために，位相を，$\theta_{\pm} = kz \mp \omega t$ とおこう．$\theta_{\pm}$ 一定の位置，たとえば波の山の位置は，時間とともにどう動くだろうか．時間で微分すれば，$\frac{d\theta_{\pm}}{dt} = 0 = k\frac{dz}{dt} \mp \omega$ であるから，$\frac{dz}{dt} = \pm\frac{\omega}{k} = \pm c$ となる．つまり $\theta_+ = kz - \omega t$ の波は，z の正方向へ，$\theta_- = kz + \omega t$ の波は，z の負方向へそれぞれ速度 c（**位相速度**という）で進む波（**進行波**）を表わす独立解である．

　電磁場が，上に見た進行波であるとしよう．各場がどのような進み方を

するかを調べるために，マクスウェル方程式(11.4a)と(11.4b)に戻ろう．各場が z にのみ依存するから，$\boldsymbol{E} = \boldsymbol{E}(z,t)$，$\boldsymbol{B} = \boldsymbol{B}(z,t)$ である．これよりそれぞれの回転は，

$$\mathrm{rot}\,\boldsymbol{E} = \left(-\frac{\partial E_y}{\partial z}, \frac{\partial E_x}{\partial z}, 0\right) = -\frac{\partial \boldsymbol{B}}{\partial t},$$

$$\mathrm{rot}\,\boldsymbol{B} = \left(-\frac{\partial B_y}{\partial z}, \frac{\partial B_x}{\partial z}, 0\right) = \varepsilon_0 \mu_0 \frac{\partial \boldsymbol{E}}{\partial t}$$

となる．成分に分け，$\varepsilon_0 \mu_0 = c^{-2}$ に注意すれば，

$$\frac{\partial E_y}{\partial z} = \frac{\partial B_x}{\partial t}, \quad \frac{\partial E_x}{\partial z} = -\frac{\partial B_y}{\partial t},$$
$$\frac{\partial B_y}{\partial z} = -c^{-2}\frac{\partial E_x}{\partial t}, \quad \frac{\partial B_x}{\partial z} = c^{-2}\frac{\partial E_y}{\partial t} \tag{11.11a}$$

が得られる．

上よりまず，電場も磁場も，波の進行方向に垂直な成分のみが関わり，互いに垂直な方向の成分が組となっている．E_x と B_y，および E_y と B_x，さらに，電場が正方向の進行波であるとして，$E_x(z,t) = E_x \cos(kz - \omega t)$，$E_y(z,t) = E_y \cos(kz - \omega t)$ とおけば，磁場も正方向の進行波で $B_x(z,t) = B_x \cos(kz - \omega t)$，$B_y(z,t) = B_y \cos(kz - \omega t)$ となる(図11.2)．振幅 B_x, B_y は，(11.11a)より

$$B_x = -c^{-1}E_y, \quad B_y = c^{-1}E_x \tag{11.11b}$$

となって，それぞれの組で，一方が決まれば残りも決まる．したがって，進行方向に垂直な平面内に，2つの独立な振幅を持つ波が生ずる．独立な振幅を，通常，電場にとるが，これらの一方を**偏り**という．x 方向に偏った電場には，y 方向の磁場が，y 方向に偏った電場には，x 方向の磁場が(11.11b)のように伴われている．

電磁波の解は，(11.10a)の振幅を，$A = E_x$ または $A = E_y$ とおけば得られるのである．任意の電場は，これら2方向の電場の重ね合わせで表わすことができる．なお，(11.11b)を符号まで含めて適用すれば，電場から

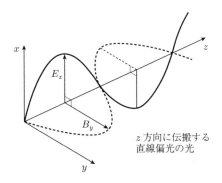

図 11.2　電磁波と偏り

磁場に回した右ネジの進む方向が，電磁波の進行方向となる（図 11.2）．

これまでに見たように，電磁波方程式から，電場と磁場は進行方向に垂直に振動する波として伝播する．振動が進行方向に垂直な波を**横波**という．横波の日常的な例は，ひもや弦を張った方向に垂直に変位させると見られる．一方，振動が進行方向に沿って起こる波を**縦波**という．音波のような，粗密波がよい例である．

平面波

前の項で考えた波は，1 次元の波であり，進行方向に垂直な平面上で同じ位相を持つので，**平面波**と呼ばれる．波動方程式は，3 次元の波動も記述する．空間の各方向の波長を $\lambda_x, \lambda_y, \lambda_z$ とし，対応する波数を，$k_x = 2\pi/\lambda_x, k_y = 2\pi/\lambda_y, k_z = 2\pi/\lambda_z$ とおけば，3 次元の波は，(11.10a) を拡張した，

$$f(\bm{r}, t) = A\cos(\bm{k}\cdot\bm{r} - \omega t) \qquad (11.12)$$

で表わすことができる．ただし，$\bm{k} = (k_x, k_y, k_z)$ は**波数ベクトル**であり，解のための条件は，$k_x^2 + k_y^2 + k_z^2 - c^{-2}\omega^2 = k^2 - c^{-2}\omega^2 = 0$ となって，(11.10c) に帰着する．

これで，(11.12) も波動方程式の解であることがわかったが，では，その波

はどのような振る舞いをするのだろうか．前と同様，位相は，$\theta = \boldsymbol{k}\cdot\boldsymbol{r} - \omega t$ であり，時刻を決めれば，$\boldsymbol{k}\cdot\boldsymbol{r} = $ 一定 なら，θ も一定である．$\boldsymbol{k}\cdot\boldsymbol{r}$ は，$\boldsymbol{r}$ の $\boldsymbol{k}$ 方向成分であるから，この条件を満たす $\boldsymbol{r}$ は $\boldsymbol{k}$ に垂直な平面をなす．

---- 例題 11.6 ----

$\boldsymbol{k}$ に垂直な平面で $\boldsymbol{k}\cdot\boldsymbol{r} = $ 一定 となることを示せ．

[解] その平面上の 2 点 P と P′ を原点と結ぶ位置ベクトルを，それぞれ $\boldsymbol{r}, \boldsymbol{r}'$ とする．P と P′ を結ぶベクトル $\boldsymbol{r} - \boldsymbol{r}'$ は，その平面上にあり $\boldsymbol{k}$ に垂直だから，$\boldsymbol{k}(\boldsymbol{r} - \boldsymbol{r}') = 0 \to \boldsymbol{k}\cdot\boldsymbol{r} = \boldsymbol{k}\cdot\boldsymbol{r}'$．∎

例題の結果，$\boldsymbol{k}$ に垂直な平面上で，(11.12) の波は同位相となる．つまりこの波は，$\boldsymbol{k}$ 方向に進む平面波である[*5]．3 次元的な平面波の解は，前に調べた z 方向に進む進行波の結果を，$\boldsymbol{k}$ 方向に進む進行波と見直せばよい．偏りについても，$\boldsymbol{k}$ 方向に垂直な面で同様に 2 つの独立な振幅を電場についてとればよい．

境界条件に従う定在波

最も簡単な境界条件として，波が $0 \leq z \leq L$ の範囲だけに存在し，境界面で，変位はゼロであるとする（**固定端境界条件**）．

$$E_x(z=0) = E_x(z=L) = 0 \tag{11.13a}$$

具体的には，無限に広がる導体面で挟まれた空間で電磁波を考えればよい．境界条件は，時間によらず成り立つべきだから，電場の波は，場所依存と時間依存が分離して，

$$E_x(z,t) = E_x \sin kz \cos(\omega t - \theta) \tag{11.13b}$$

のように書ける．空間部分の関数として正弦波を選んだのは，一方の端（$z=0$）の境界条件が自動的に満たされるからである．ここに θ は定数

[*5] $\boldsymbol{k}$ の符号を変えて $-\boldsymbol{k}$ とすれば，負方向の進行波となる．

で，初期位相または位相定数と呼ばれる．このように，場所と時間依存が分離した波は，場所で位相が決まってしまうので，**定在波**(standing wave)と呼ばれる．

なお，三角関数の加法定理より，$\sin kx \cos(\omega t - \theta) = \frac{1}{2}\{\sin(kx - \omega t + \theta) + \sin(kx + \omega t - \theta)\}$ となるから，定在波は，互いに逆行する進行波の重ね合わせと考えることができる．物理的には，電磁波は導体面で反射されるから，導体面の間に互いに逆行する進行平面波が重ね合わさって，定在波となるのである．

境界条件を満たす波数は，任意ではなくとびとびである．

$$\sin kL = 0 \quad \longrightarrow \quad k_n = \frac{n\pi}{L}, \quad n = 1, 2, 3\ldots \quad \text{正の整数} \quad (11.13c)$$

これを波長で言い換えると，$\lambda_n = \frac{2\pi}{k_n} = \frac{2L}{n} = 2L, L, (2L)/3, \ldots$ となり，長さ L にちょうど収まる波形が選ばれるのである(図 11.3)．波 (11.13b) は，波動方程式を満たすから，(11.10c) がみたされ，対応する角振動数もとびとびとなる．

$$\omega_n = ck_n = \frac{n\pi c}{L}, \quad n = 1, 2, 3\ldots \quad \text{正の整数} \quad (11.13d)$$

最も小さい振動数 $\nu_{n=1} = \frac{\omega_{n=1}}{2\pi} = \frac{c}{2L}$ を基本振動数(音の場合は基音)と呼び，$n > 1$ の振動数の波を，高調波と呼ぶ．

境界条件は，系のおかれた状況，たとえば形や拡がり，系の構成要素の性質などによる．境界条件により系の振動の様子(振動様式，またはモード)も変わるが，**境界条件によって，波の形と波長あるいは振動数が定まり，系に固有の振動様式(振動モード)が現れる**．系に固有の振動モードを**固有振動**，その振動数を固有振動数などと呼ぶ．

系の固有振動数と同じ振動数で外場を加えると，系がエネルギーを吸収して激しく振動する現象を**共鳴**という．固定端の場合，共鳴する波の波長を例題で求めてみよう．

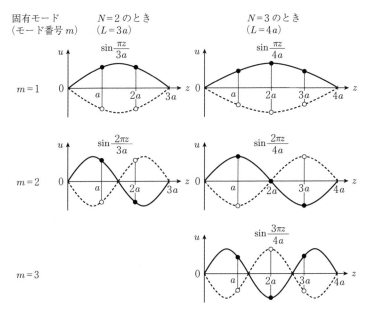

図 11.3 反射板の間の波（固定端境界条件）：定在波

例題 11.7

$L = 60\,\mathrm{cm}$ のとき，$c = 340\,\mathrm{m/s}$（音速）の場合と $c = 3.0 \times 10^8\,\mathrm{m/s}$（光速）の場合に共鳴する，波の基本振動数（波長 $2L$）を，それぞれ求めよ．なお振動数の単位 $\mathrm{s}^{-1} = \mathrm{Hz}$ はヘルツと読み，電磁波の発見者ヘルツにちなむ．

[解] 音速の場合は，$\nu_1 = \dfrac{340\,\mathrm{m\,s^{-1}}}{2 \times 0.6\,\mathrm{m}} = 283\,\mathrm{Hz}$．光速の場合，$\nu_1 = \dfrac{3 \times 10^8\,\mathrm{m\,s^{-1}}}{2 \times 0.6\,\mathrm{m}} = 2.5 \times 10^8\,\mathrm{Hz} = 250\,\mathrm{MHz}$．なお，$n=2$ の高調波（波長 L）に共鳴する振動数は，それぞれ上に求めた値の 2 倍である（音で $\nu_2 = 566\,\mathrm{Hz}$，光で $\nu_2 = 500\,\mathrm{MHz}$）．

球面波と遅延ポテンシャル

静かな水面に小石を落とすと,落ちた場所を中心に球状に広がる波,**球面波**ができる.球面波を調べるための電磁波方程式としては,電磁ポテンシャルに対する(11.9a)と(11.9b)を扱う.

簡単のため,真空中で考え,場は原点の周りに球対称であるとする.球対称であるから,場は,原点からの距離 $r = \sqrt{x^2 + y^2 + z^2}$ のみに依存する.例題で,ラプラス演算子を求めよう.

例題 11.8

球対称の場合のラプラス演算子を求めよ.[ヒント] $\dfrac{\partial}{\partial x} = \dfrac{\partial r}{\partial x}\dfrac{\partial}{\partial r} = \dfrac{x}{r}\dfrac{\partial}{\partial r}$ から始めよ.

[解] ヒントより x の2階微分は,

$$\frac{\partial^2}{\partial x^2} = \frac{1}{r}\frac{\partial}{\partial r} + \frac{x^2}{r}\frac{\partial}{\partial r}\left(\frac{1}{r}\frac{\partial}{\partial r}\right) = \frac{1}{r}\frac{\partial}{\partial r} - \frac{x^2}{r^3}\frac{\partial}{\partial r} + \frac{x^2}{r^2}\frac{\partial^2}{\partial r^2}$$

ゆえ

$$\Delta = \frac{\partial^2}{\partial x^2} + \frac{\partial^2}{\partial y^2} + \frac{\partial^2}{\partial z^2} = \frac{2}{r}\frac{\partial}{\partial r} + \frac{\partial^2}{\partial r^2} = \frac{1}{r}\frac{\partial^2}{\partial r^2}(r)$$

例題の結果,球対称のときのダランベール演算子は,

$$\Box = \frac{1}{r}\frac{\partial^2}{\partial r^2}(r) - c^{-2}\frac{\partial^2}{\partial t^2} \tag{11.7c}$$

となる.これより,球対称なスカラーポテンシャルに対する波動方程式は,

$$\left(\frac{1}{r}\frac{\partial^2}{\partial r^2}(r) - c^{-2}\frac{\partial^2}{\partial t^2}\right)V = 0 \tag{11.14a}$$

である.両辺に r をかければ,

$$\left\{\frac{\partial^2}{\partial r^2} - c^{-2}\frac{\partial^2}{\partial t^2}\right\}(rV) = 0 \tag{11.14b}$$

とまとまって，rV に対する(動径) 1 次元の波動方程式となる[*6]．波動方程式 (11.14b) は，f, g を任意の微分可能な関数として，形式的な解，

$$rV = f(r - ct) + g(r + ct) \qquad (11.14c)$$

を持つ(各自確かめよう)．この形の解を**ダランベールの解**という．$f(r - ct)$ は原点から外へ向かって広がる波，$g(r + ct)$ は外から原点に向かって収束する波を表わす．波源は原点にあるとすれば，外に広がる波 $f(r - ct)$ だけを残せばよい．

ここで，c が有限であることに注意すれば，r/c は，波が距離 r 進むのに要する時間を表わす．したがって，原点から外へ向かう波 $f(r - ct)$ が，半径 r の位置で観測されるためには，原点をこの分の時間だけ早く出発しなければならない．言い換えると，原点を時刻 $t - r/c$ に出る波は，時刻 t で半径 r の位置に到達する(図 11.4)．

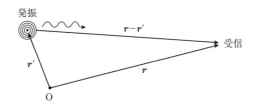

図 11.4　波は遅れて到達する

このように，有限の距離はなれたところへは，波は遅れて届く．つまり**遅延**がある．遅れを考慮した時間 $t' = t - r/c$ を**遅延時間**と呼ぶ．前に述べたとおり，波の速度は，電束電流により出現するのだから，遅延効果も，電束電流によってもたらされることになる．遅延を考えれば，電磁ポテンシャルに対するダランベール方程式の解は，ポイント5でポアソン方程式の解を，点源 $1/(4\pi|\boldsymbol{r} - \boldsymbol{r}'|)$ の重ね合わせで求めた方法を拡張して得ることができる．じっさい真空の場合の (11.9a) と (11.9b) の解は，点源の時刻を

[*6] 2 次元での動径に対する方程式は，この形にならない．

$t - |\bm{r} - \bm{r}'|/c$ に換えた以下の表式で与えられる.

$$V(\bm{r},t) = \frac{1}{4\pi\varepsilon_0} \int \frac{d^3r' \rho_\mathrm{C}(\bm{r}', t - |\bm{r} - \bm{r}'|/c)}{|\bm{r} - \bm{r}'|} \tag{11.15a}$$

$$\bm{A}(\bm{r},t) = \frac{\mu_0}{4\pi} \int \frac{d^3r' \bm{j}_\mathrm{C}(\bm{r}', t - |\bm{r} - \bm{r}'|/c)}{|\bm{r} - \bm{r}'|} \tag{11.15b}$$

これらの電磁ポテンシャルは,**遅延ポテンシャル**(retarded potential)と呼ばれる[*7].これらの式は,場の各点を点源として遅延を伴いながら波が球面波として伝播することを表わしている.波の各点が源となって球面波が広がり,新しい波を次々につくるのである(**ホイヘンスの原理**).

ここで注意すべきことは,電位とベクトルポテンシャルの,観測点の位置 $\bm{r}$ と時刻 t での値が,それぞれ電荷密度と電流密度の,位置 $\bm{r}'$ とそこから観測点までに波が伝わる時間を考慮した,遅延時刻 $t' = t - |\bm{r} - \bm{r}'|/c$ の瞬間における値だけで決まる点である.遅延時刻 $t' = t - |\bm{r} - \bm{r}'|/c$ より前の情報には影響されないのである.さらに,式(11.9a,b)について述べたとおり,電磁ポテンシャルが(11.15a,b)から求められれば,遅延を伴った電場と磁場が,自動的に得られるのである.

電気双極子による電磁波放射

電磁波発生の,具体例として,ポイント3で考えた電気双極子を見てみよう.原点をはさんで,z 軸上に δ 離れて正負の電荷対 $\pm Q$ があるとする.場を考える位置 $\bm{r}$ と正負電荷までの距離をそれぞれ $r_\pm = \sqrt{x^2 + y^2 + (z \mp \delta/2)^2}$ と置く.ポイント3では静電的な場合を考えたが,電磁波を取り出すには,時間依存を導入しなくてはならない.そのために,電荷の大きさが振動するとしよう.角振動数を ω とし,遅延を考慮すれば,振動する電荷は $Q(t'_\pm) = Q\cos\omega t'_\pm = Q\cos\omega(t - r_\pm/c)$ と表わせる.これより電位は,

---

[*7] 遅延ポテンシャルの各式で,時間を $t + |\bm{r} - \bm{r}'|/c$ に置き換えたものを**先進ポテンシャル**(advanced potential)と呼ぶ.

$$V(r,t) = \frac{1}{4\pi\varepsilon_0}\left\{\frac{Q(t'_+)}{r_+} - \frac{Q(t'_-)}{r_-}\right\} \qquad (11.16\text{a})$$

で与えられる．電気双極子から十分遠いところ$(r \gg \delta)$では，ポイント3で行なったように，$r_\pm \approx \sqrt{r^2(1 \mp z\delta/r^2)} = r(1 \mp z\delta/2r^2)$ と展開すれば，電位が近似的に得られる．例題で求めよう．

――― 例題 11.9 ―――

上の近似式を用いて，電位を求めよ．

[解] 近似式によれば，まず分母は，$1/r_\pm \approx (1/r)(1 \pm z\delta/2r^2)$．次に電荷は，$Q(t'_\pm) \approx Q\cos\omega\{t - r/c \pm (r/c)(z\delta/2r^2)\} = Q\cos\omega(t-r/c) \mp (\omega/c)(z\delta/2r)Q\sin\omega(t-r/c)$．これらを電位の式(11.16a)に代入して整理すれば，

$$V(r,t) = \frac{1}{4\pi\varepsilon_0}\left\{\frac{Q\delta z\cos\omega(t-r/c)}{r^3} - \frac{Q\delta z(\omega/c)\sin\omega(t-r/c)}{r^2}\right\}.$$

例題の結果を，電気双極子モーメント $\boldsymbol{p} = Q\delta\hat{\boldsymbol{z}}$ で書き改めると，

$$V(r,t) = \frac{1}{4\pi\varepsilon_0}\left\{\frac{\cos\omega(t-r/c)}{r^2} - (\omega/c)\frac{\sin\omega(t-r/c)}{r}\right\}\frac{\boldsymbol{p}\cdot\boldsymbol{r}}{r} \qquad (11.16\text{b})$$

となる．上の第2項は，遅延により生じたことに注意しよう．

ベクトルポテンシャルは，電荷の時間変化に伴う電流で生ずる．遅延を考慮すれば，電流の大きさは $I(t-r/c) = \dfrac{\partial}{\partial t}Q(t') = -Q\omega\sin\omega t'$ であり，z軸に沿って $-\dfrac{1}{2}\delta \leq z \leq \dfrac{1}{2}\delta$ の間を流れるから，ベクトルポテンシャルは，(11.15b)を電流 $\boldsymbol{I}(t') = I(t')\hat{\boldsymbol{z}}$ について積分して得られる．ここでも，分母を $r \gg \delta$ の場合に展開すれば，

$$\boldsymbol{A}(\boldsymbol{r},t') = \frac{\mu_0}{4\pi}\int_{-\delta/2}^{\delta/2}\frac{dz'\boldsymbol{I}(t')}{\sqrt{x^2+y^2+(z'-z)^2}}$$

$$\approx \frac{\mu_0}{4\pi}\int_{-\delta/2}^{\delta/2}\frac{dz'\boldsymbol{I}(t')}{\sqrt{r^2(1-2zz'/r^2)}}$$

$$= \frac{\mu_0}{4\pi} \int_{-\delta/2}^{\delta/2} dz' \left(\frac{\boldsymbol{I}(t')}{r}\right)(1+zz'/r^2)$$

$$= -\left(\frac{\mu_0}{4\pi}\right)\frac{(\omega\boldsymbol{p})\sin\omega(t-r/c)}{r} \qquad (11.16\mathrm{c})$$

と近似できる．ローレンツ条件を確かめよう．

例題 11.10

(11.16b) と (11.16c) は，ローレンツ条件 (11.8) を満たすか．

[解] (11.16b) より

$$\varepsilon_0\mu_0\frac{\partial V}{\partial t} = \frac{\varepsilon_0\mu_0}{4\pi\varepsilon_0}\frac{pz}{r}\frac{\partial}{\partial t}\left\{\frac{\cos\omega t'}{r^2} - \left(\frac{\omega}{c}\right)\frac{\sin\omega t'}{r}\right\}$$

$$= -\frac{\mu_0}{4\pi}(\omega p)\frac{z}{r}\left\{\frac{\sin\omega t'}{r^2} + \left(\frac{\omega}{c}\right)\frac{\cos\omega t'}{r}\right\}.$$

つぎに (11.16c) より

$$\mathrm{div}\,\boldsymbol{A} = -\frac{\mu_0}{4\pi}(\omega p)\frac{\partial}{\partial z}\left\{\frac{\sin\omega t'}{r}\right\}$$

$$= -\frac{\mu_0}{4\pi}(\omega p)\frac{\partial r}{\partial z}\frac{\partial}{\partial r}\left\{\frac{\sin\omega(t-r/c)}{r}\right\}$$

$$= -\frac{\mu_0}{4\pi}\times(\omega p)\frac{z}{r}\left\{-\frac{\sin\omega t'}{r^2} - \left(\frac{\omega}{c}\right)\frac{\cos\omega t'}{r}\right\}$$

$$= \frac{\mu_0}{4\pi}(\omega p)\frac{z}{r}\left\{\frac{\sin\omega t'}{r^2} + \left(\frac{\omega}{c}\right)\frac{\cos\omega t'}{r}\right\}$$

$$= -\varepsilon_0\mu_0\frac{\partial V}{\partial t}$$

となって，確かにローレンツ条件が満たされる．

これまでで，電気双極子に対する電磁ポテンシャルが求められたから，対応する電場と磁場を求めよう．それぞれ，電場は (10.7) から，磁場は (10.2) から得られるが，遅延があることを考慮して，これらの式を書き改めておこう．

$$\boldsymbol{E}(\boldsymbol{r}, t-r/c) = -\frac{\partial}{\partial \boldsymbol{r}}V(\boldsymbol{r}, t-r/c) - \frac{\partial}{\partial t}\boldsymbol{A}(\boldsymbol{r}, t-r/c) \qquad (11.17\mathrm{a})$$

$$B(r, t-r/c) = \frac{\partial}{\partial r} \times A(r, t-r/c) \qquad (11.17b)$$

とくに，空間微分を行なうときに，遅延 r/c の微分を忘れてはならない．計算はいささか長くなるので，以下には結果を挙げ，注意点を指摘しておこう（計算は，例題として各自実行すること）．ベクトルの各成分は球座標で考える．また，遅延時間を $t' = t - r/c$ と置いた．

まず電場は，

$$E_r = -\frac{p\cos\theta}{4\pi\varepsilon_0} \left\{ -\frac{2\cos\omega t'}{r^3} + \left(\frac{\omega}{c}\right)\frac{2\sin\omega t'}{r^2} \right\} \qquad (11.18a)$$

$$E_\theta = -\frac{p\sin\theta}{4\pi\varepsilon_0} \left\{ \left(-\frac{1}{r^3} + \left(\frac{\omega}{c}\right)^2 \frac{1}{r}\right)\cos\omega t' + \left(\frac{\omega}{c}\right)\frac{\sin\omega t'}{r^2} \right\} \qquad (11.18b)$$

$$E_\phi = 0 \qquad (11.18c)$$

次に磁場は，

$$B_r = 0, \quad B_\theta = 0 \qquad (11.19a)$$

$$B_\phi = -\frac{p\sin\theta}{4\pi\varepsilon_0}\left(\frac{\omega}{c^2}\right)\left\{\frac{\sin\omega t'}{r^2} + \left(\frac{\omega}{c}\right)\frac{\cos\omega t'}{r}\right\} \qquad (11.19b)$$

電気双極子と電流は，z 軸上にあるから，電場の軸対称性から $E_\phi = 0$ は明らかであり，また磁場は電流周りの渦となるから，(11.19a) も明らかである．

電場の距離依存は，r^{-3}, r^{-2}, r^{-1} の 3 通りであるが，r^{-3} の項は，式 (3.6) に見るとおり静電的な電気双極子の場から，r^{-2} の項は，電荷による静電場から来ている．最後に r^{-1} の項は，ベクトルポテンシャルの時間変化 $\frac{\partial A}{\partial t}$ による．磁場については，r^{-2} の項は，(8.6b) に見るとおり電流素片のつくるビオ-サバールの磁場であり，r^{-1} の項は，ベクトルポテンシャルの rot から来る遅延効果によってもたらされた．重要なことは，双極子放射に限らず電磁波に一般的に現れる r^{-1} の項は，マクスウェルが導

入した電束電流がなければ現れない点である．この項の存在を実験で示すことが，アンペール-マクスウェルの法則の実証となるのである．

これら各項が，距離とともにどう競合するかを例題で見よう．

例題 11.11

距離依存を各項について比べよ．[ヒント] (11.17) と (11.18) の各式で各項は，$r^{-3} \sim (\omega/c)r^{-2} \sim (\omega/c)^2 r^{-1}$ と並んでいる．

[解] ヒントで，$\omega/c = k^{-1} = 2\pi/\lambda$ に注意すれば，距離と波長の比により，$r \ll \lambda/2\pi$ のときは，r^{-3} がもっとも大で，$r \cong \lambda/2\pi$ のとき各項は同じ程度となり，$r > \lambda/2\pi$ で r^{-2} が r^{-1} に凌駕され，$r \gg \lambda/2\pi$ では，r^{-1} だけが残る．

例題によれば，原点付近で距離が増すと，r^{-3}, r^{-2} の順に電磁場が小さくなるが，遠距離では，r^{-1} の項が支配的となる．

前にも述べたように，r^{-1} の項は，電場では，ベクトルポテンシャルの直接の時間微分により，磁場では，ベクトルポテンシャルの遅延時間 r/c の微分によってもたらされた．これらは，ω^2 に比例することからもわかるとおり，電気双極子ベクトル $\boldsymbol{p}$ の時間の2階微分，すなわち加速度 $\ddot{\boldsymbol{p}}$ に起因する．

ヘルツはいかに電磁波を発見したか

前項に述べた双極子放射の分析は，ヘルツがマクスウェル方程式から理論的に導いたものである．ヘルツは，さらに実験的解析も行なって，電磁波を発見し，光が電磁波の一種であること，c が光速に等しいことを確証して見せた．以下に，電磁波の放射と検出を，ヘルツの工夫に沿って，簡単に見ていこう．

ヘルツは，電気双極子放射による電磁波を，図 11.5 の振動子で放射し共鳴器で受け取って検出した．ヘルツの振動子は，2枚の広い金属板(約 40 cm 四方)を約 60 cm 離しておき，2本の金属棒につないで，中央に狭

204──ポイント 11 ◉マクスウェル方程式と電磁波

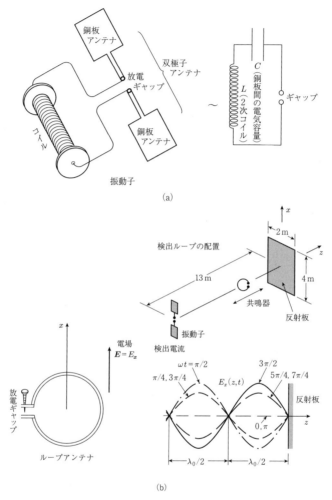

図 11.5　ヘルツの振動子と共鳴器．(a) 振動子(双極子アンテナ)と等価回路，(b)共鳴器(検出ループ)

い隙間を開けたものからなる．隙間は，放電の火花間隙で，誘導コイル（ポイント9の変圧器と同じ仕組み）に結ばれている．

　誘導コイルの1次側の電流をスイッチで開閉すれば，2次コイルを通じて，金属板間に大きな電位差が生じ，蓄えられた電荷が火花放電を起こ

す．この際電流は，ほとんど抵抗なしで流れ，振動する．なぜかというと，振動子の2枚の金属板は蓄電器（キャパシター，ポイント6）とみなせるし，2本の金属棒には，インダクタンス（ポイント10）がある．簡単のため，振動子を，キャパシターとインダクタンスをつないだ回路と等価に扱おう（図11.5(a)）．

火花が飛んで回路が閉じると，キャパシターにたまった電荷が放電して一気に電流が流れ，インダクタンスの磁束が急速に変化するから，電流変化を抑えるように激しい電磁誘導が起こる．この結果，回路の電流は，図11.5(b)のように振動するのである．

キャパシターの電荷と電位差をそれぞれ Q, V_C とすれば，$Q = CV_C$ であり，電流は $I(t) = -\dfrac{dQ}{dt}$．また，(10.13a)より磁束は $\Phi = LI$ であるから，インダクタンスによる誘導起電力は，$V_L = -\dfrac{d\Phi}{dt} = -L\dfrac{dI}{dt}$ である．振動子の**等価回路**（図11.5(a)）に対してキルヒホッフの第2法則（ポイント7）を当てはめれば，回路を一巡すれば，電位差はゼロとなるから，

$$0 = V_C + V_L = \frac{Q}{C} - L\frac{dI}{dt} \qquad (11.20\text{a})$$

である．

振動がどのようにして生ずるかは例題にする．

---- 例題 11.12 ----

ヘルツの振動子の角振動数を求めよ．[ヒント]等価回路の電位差の式(11.20a)の両辺を時間で微分して，電流に対する方程式を出し，$t = 0$ での電流とその時間微分を $I(0) = I_0, \dot{I}(0) = 0$ として解を求めよ．

[解] ヒントに従えば，電流の方程式は，

$$L\frac{d^2 I(t)}{dt^2} = -\frac{I(t)}{C} \qquad (11.20\text{b})$$

これはバネの運動方程式と同じ形をしている（バネの変位を $I(t)$, L を質

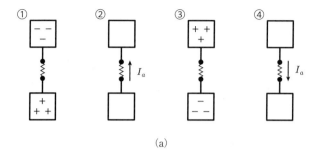

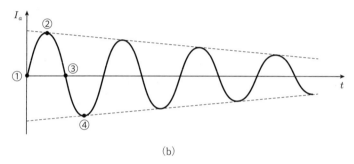

図 11.6　ヘルツの振動子に流れる電流．(a)極板間の電荷の変化，(b)電流の時間変化

量，$1/C$ をバネ定数とみなす)から，角振動数は $\omega = 1/\sqrt{LC}$ であり，初期条件を満たす解は，次で与えられる．

$$I(t) = I_0 \cos \omega t, \quad \omega = 1/\sqrt{LC} \qquad (11.20c)$$

振動子は固有振動数に近い電磁波を放射する[*8]．ヘルツは，その検出に図 11.5(b) の共鳴器を用いて行なった．共鳴器は，狭い間隙を持つループからなり，その電気容量 C とインダクタンス L による固有振動数が，振動子の固有振動数に等しくなるようにしておき，図 11.3 で考えたような金属反射板の間に置く．反射板の間隔は，この共通の固有振動数の波が，

[*8] 等価回路はあくまで理想化である．実際には，電気容量もインダクタンスも値に幅があって，固有振動数に他の振動数も混ざる．また，火花による放射損失があるから電流も減衰する．

ちょうど収まるようにとり，発振と受信に際し，共鳴条件が満たされるようにしておく．共鳴器のループは，図 11.5(b) に見るように，電場方向に沿って置かれ，電場の変動を感知する．

振動子からの火花放電の信号は，共鳴ループの間隙に小さな火花として観測される．共鳴器の反射板間の位置を変えれば，反射板の間の電流が，図 11.6 のようになることが観測された．これは，式 (11.13) でも示した最初の高調波 ($n = 2$, 波長 $\lambda = L$) に対応する定在波である．ヘルツは，発振を行なう振動子と，受信のための共鳴器と反射板の距離を十分離して，波が平面波とみなせるようにした．こうすれば観測にかかるのは，遠距離まで伝播する r^{-1} の項であり，前項で予想した電磁波に他ならない．

さらにヘルツは，観測された電磁波が，反射，屈折，回折，干渉など，光とまったく同じ現象を示し，さらに，その速度が，光の速度 ($c \approx 3.0 \times 10^8 \, \mathrm{m \, s^{-1}}$) に等しいことを確かめた．電磁波は，振動数あるいは波長によって，広い範囲で存在する．図 11.7 に，可視光を含めた電磁波の波長による分類を示した．

最後に，光が電磁波の一種であることを示す，日常的な観察をしよう．

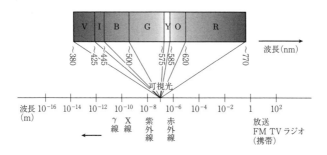

図 11.7　電磁波と可視光の波長

―― 例題 11.13 ――

雷が鳴っているときに，ラジオを聴くとどんな音が聞こえるか．稲光と雷鳴の間の時間差も測り，雷までの距離を概算しよう．空気中の音速を，$340 \, \mathrm{m \, s^{-1}}$ とせよ．

[解] 稲光とともに,ガリガリと音がした.稲光から雷鳴までの時間は,約 4 秒だった.光の速度は,音速に比べ十分大きいから,稲光がラジオまで達する時間は無視できて,雷までの距離は $340\,\mathrm{m\,s^{-1}} \times 4\,\mathrm{s} = 1.36\,\mathrm{km}$.

雷は放電によって起こるから,稲光とともに,広い振動数範囲の電磁波を出す.このうちの電波が,ラジオに雑音として入ったのである.

光を追い越せるか
──相対性理論入門

　マクスウェル方程式の予言した電磁波が発見され，光もその一部であることが示された．しかし，マクスウェル方程式の意義はもっと深いところにある．光速は不変で，しかも有限なので，系に共通の絶対時間は存在しないうえ，同時性も運動の有無で変わる．
　これらを突き詰めたアインシュタインは，物理法則は系によらないこと（相対性原理）および真空中の光速はどの系でも同じこと（光速不変の原理）を要請して，相対性理論に到達した．

ガリレイの相対性

物理の基本法則は現象を見る人によらないはずである．たとえば，止まっている人から見ても動いている人から見ても基本法則は同じでなければならない．これが不変性・相対性の考えである．力学では，ニュートンの運動方程式が互いに等速直線運動する系(慣性系)で不変であることがわかっている(ガリレイ不変性)．では，電磁気学ではどうか．実は，光を記述するマクスウェル方程式の世界では空間と時間を独立に切り離せないことがわかってくる．この ポイント 12 では，慣性系で成り立つ特殊相対性理論(以下，相対論と略)の結果を見ていこう．

物理現象を記述するには，座標系を指定しなければならない．とくに，系が運動する場合に，物理法則や基礎概念がどう変わるかが重要である．以下に，そのうちのもっとも重要な点を見ていこう．

互いに等速直線運動する座標系を**慣性系**と呼ぶ．どの慣性系でも，ニュートンの第 1 法則(慣性の法則)が成り立つからである．いま，ある慣性系を Σ とし，これに対し一定速度 u で並進運動する座標系を Σ' とする．ある点 P の Σ 系における位置ベクトルを r，Σ' における位置ベクトルを r' とする．ニュートンに始まる古典力学では，時間はどの慣性系にも共通とするから(絶対時間)，これらの慣性系での時間は $t=t'$ である．いま，$t=0$ で両座標系の原点が一致するとしよう．時間 t たてば，原点間の距離は，$\mathrm{OO'}=ut$ となるから，点 P の各座標系での位置ベクトルは次の関係を満たす(図 12.1)．

$$r' = r - ut, \quad t' = t \tag{12.1}$$

この座標変換 $\Sigma \leftrightarrow \Sigma'$ を**ガリレイ変換**という．加速度は，ガリレイ変換で変わらない．

$$\frac{d^2 r'}{dt'^2} = \frac{d^2 r'}{dt^2} = \frac{d^2 r}{dt^2} - \frac{du}{dt} = \frac{d^2 r}{dt^2}.$$

したがって，**運動方程式はガリレイ不変**であり，ニュートン力学は慣性

《現代物理学の柱》——211

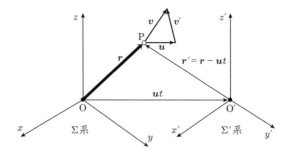

図 12.1　ガリレイ変換 $\bm{r}=\bm{r}'+\bm{u}t$ と速度の合成則 $\bm{v}=\bm{v}'+\bm{u}$

系によらずに成り立つ．これを**ガリレイの相対性**という．

では速度はどうなるか．いま，ある物体が Σ 系で速度 $\bm{v}=\dfrac{d\bm{r}}{dt}$ で運動するとしよう．ガリレイ変換から，

$$\bm{v}=\frac{d\bm{r}}{dt}=\frac{d\bm{r}'}{dt}+\bm{u}=\bm{v}'+\bm{u}$$

であるから，ガリレイの相対論での速度の合成則は単純和である．これより，ガリレイの相対論では，速度には上限がないことになる．

光の速さは運動で変わるか

物体の速度は，ガリレイ変換で座標系の速度を加えたものになったが，光の速度も同じだろうか．言い換えると，動く物体から放射される光の速度は，物体の速度の分だけ加算されるのか．

ところで，光の速度は，大変大きいが有限である．これは，古くはレーマー(Rømer)により，木星の衛星イオの蝕の時刻が，木星が地球から遠ざかっているときほど遅くなることから，距離が増せば光の到達時間が増すこと，つまり光速は有限であることがわかっていた(図 12.2)．

光速の値については，歴史的にさまざまな観測方法が工夫され，精度も上がって，行き着くところまで来たといってよい．たどり着いた最良の値を定義値として固定し，原子を使った精度のより高い時間の測定値を用いたほうが，距離(メートル)の値の精度がずっとあがるからである．そこ

212——ポイント 12 ● 光を追い越せるか

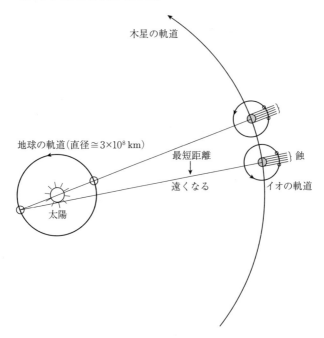

図 12.2　レーマーの発見．イオの蝕の時刻が地球と木星の距離が遠くなると遅くなる（光速は有限）．

で，これから述べる相対論の結果（光速の不変性）も踏まえて，現在では次の値が，光速の定義値として採用されている[*1]．

$$c = 2.99792458 \times 10^8 \,\mathrm{m\,s^{-1}} \quad (\text{真空中の光速の定義値}) \quad (12.2)$$

では，光の速度は，ガリレイの相対性にしたがって放射体の速度で変わるのか．じつは，これに関しても，天体現象の観察，たとえば 2 つの恒星からなる 2 重星からの光が瞬かないことから，光速は物体の速さにはよらないことがわかっていた（図 12.3）．

[*1] SI 単位系では，光速の定義値に基づき，光が 1/299792458 秒の間に進む距離を 1 m と定める．また，真空の透磁率は定数であるから，真空の誘電率も $\varepsilon_0 = \mu_0^{-1} c^{-2}$ より，定数となる（式 (11.7b) 参照）．

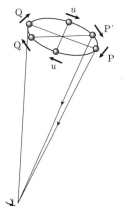

図 12.3　2 重星がはっきり見える（光速不変）

　さらに，地上では，マイケルソン-モーリーの実験[*2]から，地球の公転による回転速度（約 30 km/s）に，光速が影響されないことが示され，光速は運動によって変わらないことが確かめられている．

絶対時間はあるのか

　光に対しては，ガリレイの相対性が破れることを見た．その原因は何だろう．アインシュタインは，慣性系に共通とされた，絶対時間の存在に疑問を持った．そして，異なる座標系に置かれた時計の時刻合わせについて，深く考察した．時計の指す時刻を知るには，情報交換がいる．最も有効な情報伝達手段は，最も速く伝わる光（電磁波）である．ある事象がいつ起こったかを知るには，同時性についてきちんと考えなくてはならない．光を使って，同時性をどう定義したらよいかをアインシュタインとともに見ていこう．

　同時性をきちんと定めるためには，アインシュタインが要請した次の 2

　[*2] この実験の詳細については，『歴史をかえた物理実験』（霜田光一著，丸善）を見よ．

つの原理が基本となる．

> I　どの慣性系でも物理法則は，同等に成り立つ(相対性原理)
> II　どの慣性系でも真空中の光速は同じである(光速不変の原理)

すでに力学については，I が成り立つことを見た．では電磁気現象で相対性原理は成り立つだろうか．荷電粒子の静止系では，磁場は生じないが，荷電粒子が運動すれば，周囲に磁場ができるから，相対性原理は成り立たないのではないか．実は，これについても，すでに ポイント 9 で詳しく見たとおり，磁場が動くときの誘導起電力は，磁場に対し荷電粒子が動くときのローレンツ力と同等であることから，相対性原理は保証されている．

同時性は以下のように定義される．まず，ある座標系 Σ のいたるところに，同じ仕組みで時を刻む時計を置く．時計は Σ に固定されているとする．それらの時計の時刻を伝達するために，光を使おう．点 A には光の発振装置と受信装置があるとし，A から B に向かって光を放つ．A から光が出たときの点 A での時計の読みを t_A，この光が B に到達したときの点 B にある時計の読みを t_B とする．B には鏡を置いて到達した光が，A に向かって反射するようにしておこう．B で反射した光が，点 A に到達したときの A の時計の読みを $\widehat{t_A}$ としよう(図 12.4)．

原理 II から光速は放射と反射で同じで，AB 間の距離も同じだから，光が，A から B に伝播する時間 $t_B - t_A$ と B で反射して A に達する時間 $\widehat{t_A} - t_B$ は同じはずである．これより，点 A と点 B の時計が合っていれば，$t_B - t_A = \widehat{t_A} - t_B$ が成り立つ．時計の目盛りを決めるには，針の動き始めの位置を決めておいて，点 A に光が反射で戻った時刻 $\widehat{t_A}$ と光の出発時刻 t_A の差が，光が AB 間の距離 r_{AB} を往復する時間に等しいこと，つまり $\widehat{t_A} - t_A = 2r_{AB}/c$ を用いればよい．

上の操作を，座標系 Σ のすべての点の間で行なえば時計合わせが行なえて，同時性が定義できる．このさい，A の時計と B の時計が合っていて，A の時計と C の時計が合っていれば，上に述べた時刻合わせの操作

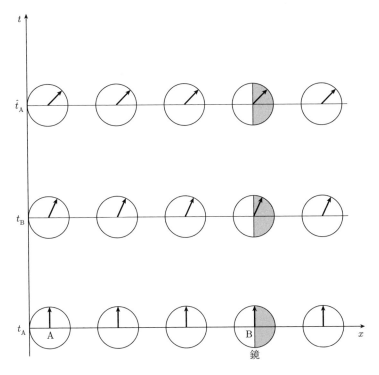

図 12.4　静止系での時刻合わせ

を実行しなくても，B と C の時計も合っているといえる（推移則という）．推移則を使えば，時刻合わせの操作を省略できることに注意しよう．

　座標系 Σ に対して，座標系 Σ' は一定の速度で並進するとしよう．Σ' 系も慣性系だから，Σ 系で行なったと同様に，各点に時計を配置しそれらの時刻合わせ行なう．Σ' 系の時計の読みを t' と表わすことにしよう．Σ 系での同時性と Σ' 系での同時性は矛盾なく成り立つだろうか．わかりやすくするために，Σ 系は水平に伸びる直線状の鉄道のレール，Σ' 系はそのレールの上を一定速度 u で走る列車とする．前に考えた 2 点 A, B を結ぶ線分に，長さ $r_{AB} = \ell$ の変形しない棒を置く．この棒は列車に固定されていてレールに対し速度 u で動いている．

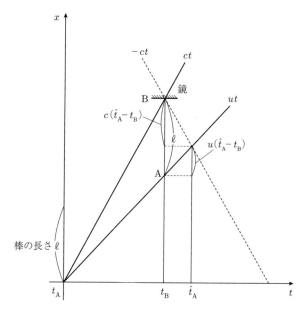

図 12.5　走る列車内の棒をレールに固定された時計で見る(同時性は?).

いま，レールに固定された時計で，時刻 t_A に A から列車の進行方向に発した光が，B に達する時刻を t_B とする．この間に棒は $u(t_B - t_A)$ 進むから，光の進む距離は，$c(t_B - t_A) = \ell + u(t_B - t_A)$ であり(図 12.5)，時間は，

$$t_B - t_A = \frac{\ell}{c-u} \tag{12.3}$$

である．いっぽう，B の鏡で反射した光が A に達する時刻を $\hat{t}_A$ とすると，光と棒は逆向きに動いているから，棒の動く距離を棒の長さから引いた距離が，光の進む距離に等しく $c(\hat{t}_A - t_B) = \ell - u(\hat{t}_A - t_B)$ となる(図12.5)．これより，帰りの時間は，

$$\hat{t}_A - t_B = \frac{\ell}{c+u} \tag{12.4}$$

となる．

光速は有限であるから $u \neq 0$ である限り，行きの時間(12.3)とは異なる．つまり $\widehat{t_\mathrm{A}} - t_\mathrm{B} \neq t_\mathrm{B} - t_\mathrm{A}$. すなわち，レールに固定された時計で見ると，光の行き帰りで，時間が違う (図 12.5)．同時性は，列車が動けば成立しないのである．

これに対し，列車とともに動く時計で見ると，光速は列車の速度に影響されないから，前に考えたと同様，$t'_\mathrm{B} - t'_\mathrm{A} = \widehat{t'}_\mathrm{A} - t'_\mathrm{B}$ が成り立ち，同時性は保たれている．静止している系の時計と動いている系の時計では，事象が同時であることを判定できない，つまり絶対時間はないのである．

慣性系の間の時空の変換則

アインシュタインとともに，絶対時間がないことを見た．慣性系ごとに時間が異なるから，ガリレイの相対性は成り立たない．では，慣性系間の時間や空間にはどのような関係があるのだろう．ガリレイ変換に代わる変換則を探ろう．

慣性系の間の時空の変換則を見つける手がかりは，前項に導入したアインシュタインの要請 I と II にある．2つの慣性系 Σ と Σ' の座標と時間をそれぞれ，(x, y, z, t) および (x', y', z', t') とおこう．どの慣性系でも，光速 c は同じだから，ある瞬間に空間と時間の原点を一致させれば，光の進む距離は，それぞれの座標系で，

$$r = \sqrt{x^2 + y^2 + z^2} = ct, \quad r' = \sqrt{x'^2 + y'^2 + z'^2} = ct' \quad (12.5\mathrm{a})$$

あるいは，逆方向に進む光も含めると，

$$\boldsymbol{r}^2 = x^2 + y^2 + z^2 = (ct)^2, \quad \boldsymbol{r'}^2 = x'^2 + y'^2 + z'^2 = (ct')^2 \quad (12.5\mathrm{b})$$

を満たす．これからは，時間を長さの次元に変え，他の空間座標と同等に扱うために，$ct = x^0 = -x_0$, $ct' = x'^0 = -x'_0$ と表示し，時空座標と呼ぶ．下付き添え字の 0 成分を $x_0 = -ct$ と上付き添え字の逆符号に取ったことに注意する．

時空座標をまとめて，$(x^\mu) = (x^1, x^2, x^3, x^0) = (x, y, z, ct), (x_\mu) =$

$(x, y, z, -ct)$, $(\mu) = (i, 0)$, $i = 1, 2, 3$ と表わそう(Σ'系の座標成分についても同様である．これら4次元時空を**ミンコフスキー空間**と呼ぶ）．x^μ および x_μ を，**4元ベクトル表示**と呼び，ミンコフスキー空間内の点を**世界点**と呼ぶ．新しい表示によって，光速不変性(12.5b)を書き換えると，時空座標の上付き成分と下付き成分の積の和が，ゼロと表わせる．

$$\sum_{\mu=1}^{0} x^\mu x_\mu = 0, \quad \sum_{\mu=1}^{0} x'^\mu x'_\mu = 0 \qquad (12.5c)$$

以下には，添え字についての和記号 $\sum$ を省略して，上下添え字のみで，$x^\mu x_\mu = 0$ のように表わそう（アインシュタインの省略記法）．

これら両系の時空座標の間の関係すなわち，**座標変換**の法則を求めよう．わかりやすくするために，レールは x 軸方向に伸びているとし，列車は x 軸の正の向きに速度 u で進むとする．さらに，求める座標変換は，ガリレイ変換，あるいは回転による座標変換と同様，座標の間の1次の関係とする．

まず，原点 Σ' の位置の対応は，$\beta = u/c$ として，

Σ では $x = ut = \beta x^0$ $(\beta = u/c)$ $\longleftrightarrow$ Σ' では $x' = 0$ (x'^0軸)

であるから，変換 $\Sigma \to \Sigma'$ で，空間座標の変換は，a を定数として，

$$x' = a(x - \beta x^0) \qquad (12.6a)$$

となる．さらに，電磁波方程式は，

$$\frac{\partial^2 \boldsymbol{E}}{\partial x^2} = c^{-2}\frac{\partial^2 \boldsymbol{E}}{\partial t^2} = \frac{\partial^2 \boldsymbol{E}}{\partial (ct)^2} = \frac{\partial^2 \boldsymbol{E}}{\partial x^{02}} \quad (\boldsymbol{B} \text{についても同型})$$

と書けるから，時空の入れ替え $(x \leftrightarrow x^0)$ で対称である．座標変換もこの対称性を持つはずだから，(12.6a)で時空を入れ替えれば，

$$x'^0 = b(x^0 - \beta x) \qquad (12.6b)$$

が時間に対する変換を与える．ここに，定数までは決まらないので，a の代わりに定数 b を導入した．なお，光の進行方向に垂直な座標は変換を受

けない．すなわち，$y' = y, z' = z$．

立場を変えて，Σ' から Σ を見よう．Σ' 系から見ると，Σ は $-u$ で運動するから，$\Sigma' \to \Sigma$ の変換は，(12.6a, b) で入れ替え $(x, x^0) \leftrightarrow (x', x'^0)$ および $\beta \to -\beta$ を行なえば，逆変換は，

$$x = a(x' + \beta x'^0) \tag{12.7a}$$
$$x^0 = b(x'^0 + \beta x') \tag{12.7b}$$

となる．

ローレンツ変換

慣性系の間の変換式の形はわかったが，係数は未知である．ここで光速不変が登場する．

光を考えよう．時刻 $t = 0$ で原点を発した光の位置は，正負両方向まで考えると $x = \pm ct = \pm x^0$ である．前項の慣性系 Σ' ではどうなるか．アインシュタインの要請 II から，Σ' でも光速は同じだから，位置は，$x' = \pm ct' = \pm x'^0$ となる．符号がやっかいなので，それぞれ 2 乗してまとめると，光速不変性 (12.5b, c) はわれわれの例では，

$$\text{光速不変} \quad x^2 - (x^0)^2 = 0, \quad x'^2 - (x'^0)^2 = 0 \tag{12.8}$$

と表わせる．例題で変換係数を決めよう．

例題 12.1

まず，(12.8) に変換 (12.6a, b) を代入して，$a = b$ を示せ．光の位置で $x^0 = \pm x$ に注意．

[解] 代入で，

$$\begin{aligned}
x'^2 - (x'^0)^2 &= a^2(x - \beta x^0)^2 - b^2(x^0 - \beta x)^2 \\
&= (a^2 - \beta^2 b^2)x^2 - 2\beta(a^2 - b^2)xx^0 - (b^2 - \beta^2 a^2)(x^0)^2 \\
&= (a^2 - \beta^2 b^2 - b^2 + \beta^2 a^2)x^2 \mp 2\beta(a^2 - b^2)x^2 = 0
\end{aligned}$$

となる．ただし，光の位置で $x^0 = \pm x$ とした．これが任意の x について

成り立つから，$a^2 = b^2$ であり，$x \leftrightarrow x^0$ の対称性から $a = -b$ は除かれて，$a = b$ となる．

つぎに，逆変換と変換は両立することに注意して，次の例題を解こう．

例題 12.2

(12.7a, b) を (12.6a, b) に代入して，例題 12.1 の結果を用い a を求めよ．

[解]

$$x = a(x' + \beta x'^0) = a^2(1 - \beta^2)x,$$
$$x^0 = a(x'^0 + \beta x') = a^2(1 - \beta^2)x^0$$

となって，a は正だから $a = \dfrac{1}{\sqrt{1 - \beta^2}}$ が得られる．

変換と逆変換の結果をまとめよう．

$$x' = \gamma(x - \beta x^0) = \frac{x - \beta x^0}{\sqrt{1 - \beta^2}} \qquad (12.9\mathrm{a})$$

$$x'^0 = \gamma(x^0 - \beta x) = \frac{x^0 - \beta x}{\sqrt{1 - \beta^2}} \qquad (12.9\mathrm{b})$$

$$x = \gamma(x' + \beta x'^0) = \frac{x' + \beta x'^0}{\sqrt{1 - \beta^2}} \qquad (12.10\mathrm{a})$$

$$x^0 = \gamma(x'^0 + \beta x') = \frac{x'^0 + \beta x'}{\sqrt{1 - \beta^2}} \qquad (12.10\mathrm{b})$$

ここに，変換の係数を，$a = \gamma$ と書き換えた．

$$a = \frac{1}{\sqrt{1 - \beta^2}} = \gamma, \quad \beta = \frac{u}{c} \qquad (12.11)$$

これらに，光の進行方向に垂直な座標は，変換を受けないこと，$y' = y$，$z' = z$ を補足しておこう．

上の変換を，**ローレンツ変換**と呼ぶ．ガリレイ変換と異なり，時間は絶対ではなく，空間とともに変わることに注意しよう[*3]．

[*3] 慣性系の速度が，光速に比べて小さければ ($\beta \ll 1$)，ローレンツ変換は，ガリレイ変換となる．

これまでに見てきたとおり，時間と空間が切り離せないことが，ローレンツ変換の本質である．また，ローレンツ変換から直ちに，**物体は，光より速く動けない**ことが確かめられる．変換係数 γ の平方根の中は，実数でなければならないから $|\beta| \leqq 1 \to |u| \leqq c$ なのである（慣性系を，速度 u で動く物体の静止系と考える）．

ローレンツ変換における長さと時間

相対性理論で明らかになった，ニュートン力学の理解を超える物理的世界を見ていこう．ローレンツ変換が物理量にどういう変化をもたらすかがポイントである．

まず，長さと時間の変換を見よう．座標系などは，これまでの記述に合わせることにする．

(a) 長さが縮む

速度 u で動く棒の長さ ℓ_u は，静止系 Σ で見るとどうなるだろうか．棒とともに動く慣性系（棒が置かれた系）を Σ' とする．棒は，時刻 $t' = 0$ $(x'^0 = 0)$ において，x' 軸の上で，一端が原点に，他端が点 S$(x' = \ell_u)$ にあるものとする（図 12.6(a)）．静止系での棒の長さ ℓ_0 は，逆変換(12.7a, b)で求めた点 S の座標$(x = \gamma\ell_u, x^0 = \beta\gamma\ell_u)$の x 成分で与えられるから[*4]，

$$\ell_0 = \gamma\ell_u \longleftrightarrow \ell_u = \sqrt{1-\beta^2}\ell_0 = \sqrt{1-(u/c)^2}\ell_0 \qquad (12.12)$$

となる．$\sqrt{1-(u/c)^2} < 1$ であるから，慣性系の棒の長さは静止系の棒の長さより短い（ローレンツ収縮）．図 12.6(a)で見よう．ℓ_u は，点 S を通る曲線 $\ell_u^2 = x^2 - (x^0)^2 = x'^2 - (x'^0)^2$ と x 軸との交点から読めるが，明らかに $\ell_u < \ell_0$ である[*5]．

[*4] $x^0 = \beta\gamma\ell_u \neq 0$ だから Σ 系では，棒の両端の時刻は同じでないことに注意．
[*5] Σ' を静止系とし，Σ が $-u$ で動く慣性系（棒と時計が置かれる系）と考えたときの図 12.6(b)を見て，結果が同じになることを確かめよう．これが，相対性の本質である．

222 —— ポイント 12 ● 光を追い越せるか

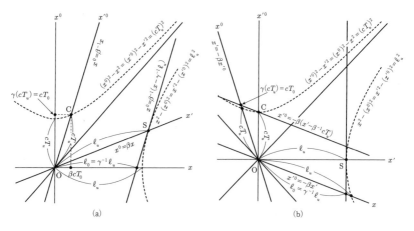

図 12.6 長さの縮み,時間の伸び. (a) Σ 系で見る,(b) Σ' 系で見る

例題 12.3

速度が光速の 60% で動く物体の長さは,止まっているときの何 % になるか.

[解] (12.12) で,$u = 0.6c \to \beta = 0.6 \to \ell_u/\ell_0 = \sqrt{1-\beta^2} = 0.8$. 80% になる. ∎

(b) 時間が伸びる

動く時計の刻む時間を,静止系の時計の刻む時間と比べよう.Σ' 系の原点 $x' = 0$ に置かれた時計が,時刻 $t' = 0$ ($x'^0 = 0$) から刻んだ時間を T_u とする.この間に世界点は,原点から点 C$(x' = 0, cT_u)$ に移動する(図 12.6(a)).Σ 系でのこの間の時間 T_0 は,点 C を逆変換した座標の時間成分で表わせるから[*6],

$$T_0 = \gamma T_u \quad \longrightarrow \quad T_0 = \frac{1}{\sqrt{1-\beta^2}} T_u > T_u \qquad (12.13)$$

となる.T_u は時計とともに動く(時計は静止)系の時間,T_0 は静止系(時

[*6] $x = \gamma \beta c T_u \neq 0$ だから,Σ 系では時計は原点にはとどまれない.

計は動く)での対応する時間であるから，**動く時計の刻む時間** T_0 **は，静止した時計の刻む時間** T_u **に比べて長い**．つまり動く時計は遅れる．図 12.6 で見ると，cT_u は，点 C を通る曲線 $T_u^2 = (x^0)^2 - x^2 = (x'^0)^2 - x'^2$ と x^0 軸との交点から読めるが，明らかに $T_u < T_0$ であり，静止系の時間は，動く時計の系の時間より長い(図 12.6(a)と図 12.6(b))を比較して相対性を確認せよ)．

── 例題 12.4 ──

光速の 60%で動く粒子の寿命は，静止系の寿命の何倍になるか．

[解] $T_0/T_u = \dfrac{1}{\sqrt{1-(0.6)^2}} = 1.25$．実験的に，高エネルギー素粒子の寿命の伸びで確かめられている．

光を追い越せない！

ガリレイ変換は，$x' = x - ut$, $t' = t$ であったから，慣性系で速度 $\dfrac{dx'}{dt'} = \dfrac{dx'}{dt} = v'$ で運動する物体は，静止系では，速度 $\dfrac{dx}{dt} = v = v' + u$ で運動する(ガリレイの速度合成則)．ガリレイの合成速度には上限はないから，光速不変性は保てない．

速度の合成則は，相対論ではどうなるだろう．慣性系 Σ' で x' 方向に速度 v' で動く物体の座標は，$x' = v't'$ であり，Σ 系にローレンツ変換すれば，$\gamma(x - ut) = v'\gamma(t - c^{-2}ux)$ と表わされるから，

$$x - ut = v'(t - c^{-2}ux) \longrightarrow (1 + c^{-2}v'u)x = (u + v')t$$

となる．Σ 系での物体の速度 $\dfrac{dx}{dt} = v$ は，Σ' 系の速度 u とその上での物体の速度の合成速度であり，**速度の合成則**，

$$\dfrac{dx}{dt} = v = \dfrac{v' + u}{1 + c^{-2}v'u}, \quad v' = \dfrac{v - u}{1 - c^{-2}vu} \tag{12.14}$$

が得られる．とくに，$v' = c$ のとき，合成速度は，$v = \dfrac{c + u}{1 + c^{-1}u} = c$ となる．光に限らず光速で走る系の速度は，慣性系によらず常に光速である

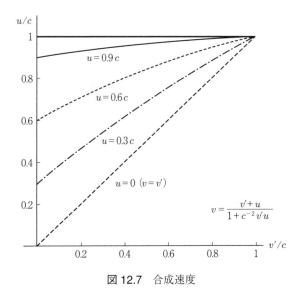

図 12.7　合成速度

(光速不変性の一般化). 速度は, 光速を越えることができないのである (図 12.7).

---── 例題 **12.5** ──────────────────

$v \leqq c$ を示せ.

[解] (12.14) より,

$$c - v = \frac{c(1 + c^{-2}v'u - c^{-1}v' - c^{-1}u)}{1 + c^{-2}v'u}$$

$$= \frac{(1 - c^{-1}v')(1 - c^{-1}u)}{1 + c^{-2}v'u} \geqq 0$$

となる. 確かに, 相対性理論の世界では, 合成された速度は光速を越えられないのである.

振動数・波数の変換, 光のドップラー効果

電磁波のような場の波を考えよう. 静止系 Σ において, 波数と角振動数が $\boldsymbol{k}, \omega$ の平面波の位相は, ある点 $(\boldsymbol{r}, t)$ で $\boldsymbol{k} \cdot \boldsymbol{r} - \omega t$ である. 運動す

る系 Σ' での量には，これまでのようにプライム $'$ を付けよう．位相は，振動の角度を表わす量であるから，慣性系で変わらない．

$$\boldsymbol{k}\cdot\boldsymbol{r} - \omega t = \boldsymbol{k}'\cdot\boldsymbol{r}' - \omega't'$$

この関係が成り立つ要請から，波数と振動数のローレンツ変換を導こう．逆変換(12.10a, b)を Σ 系の位相に代入して整理し，Σ' の位相と比べると，

$$\begin{aligned}
\omega t - \boldsymbol{k}\cdot\boldsymbol{r} &= (\omega/c)x^0 - (k_x x + k_y y + k_z z) \\
&= \gamma\{c^{-1}\omega(x'^0 + \beta x') - k_x(x' + \beta x'^0)\} - (k_y y' + k_z z') \\
&= \gamma(c^{-1}\omega - \beta k_x)x'^0 - \gamma(k_x - \beta c^{-1}\omega)x' - (k_y y' + k_z z') \\
&= (c^{-1}\omega')x'^0 - (k'_x x' + k'_y y' + k'_z z')
\end{aligned}$$

になると要請したから，波数と振動数のローレンツ変換は，

$$\omega' = \gamma(\omega - uk_x), \ \ k'_x = \gamma(k_x - c^{-2}u\omega), \ \ k'_y = k_y, \ \ k'_z = k_z \quad (12.15\text{a})$$

となる．そこで，$c^{-1}\omega = k^0$ と置けば，$k^\mu = (k^0, k_x)$ が $x^\mu = (x^0, x)$ と同じローレンツ変換を受けることがわかる．k^μ も4元ベクトルなのである．位相は波数4元ベクトルと時空座標4元ベクトルの内積 $\boldsymbol{k}\cdot\boldsymbol{x} = k^\mu x_\mu = \boldsymbol{k}\cdot\boldsymbol{r} - \omega t$ とみなせることに注意しよう．一般に任意の上付き添え字ベクトルと下付き添え字ベクトルの積(4元ベクトルの内積)はローレンツ不変である．

$$a\cdot b = a^\mu b_\mu = a_\mu b^\mu$$

慣性系の速度が一般の場合には，速度ベクトルを $\boldsymbol{u}$ とし，波数ベクトルの $\boldsymbol{u}$ に平行な成分を $\boldsymbol{k}_{/\!/}$，垂直な成分を $\boldsymbol{k}_\perp$ とすれば，変換は，

$$\omega' = \gamma(\omega - \boldsymbol{u}\cdot\boldsymbol{k}), \ \ \boldsymbol{k}'_{/\!/} = \gamma(\boldsymbol{k}_{/\!/} - c^{-2}\boldsymbol{u}\omega), \ \ \boldsymbol{k}'_\perp = \boldsymbol{k}_\perp \quad (12.15\text{b})$$

で与えられる．特に振動数の変換は，通常のドップラー効果に対応する．ただし，音など媒質があるときのドップラー効果と違い，相対論的ドップラー効果は，真空でも生ずる．

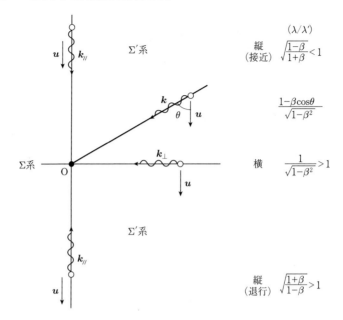

図 12.8 相対論的ドップラー効果

光に対する相対論的ドップラー効果を調べよう. 観測者の静止系を Σ, 静止系に対し u で動く光源の物体の系を Σ' とする. 光の分散関係 $\omega = 2\pi\nu = ck = \dfrac{2\pi c}{\lambda}$ に注意し, u と k の間の角度を θ とすれば, $u \cdot k = uk\cos\theta = \beta\omega\cos\theta$ だから, 振動数 (波長) の変化は,

$$\frac{\omega'}{\omega} = \frac{\nu'}{\nu} = \frac{\lambda}{\lambda'} = \frac{1 - \beta\cos\theta}{\sqrt{1 - \beta^2}} \qquad (12.16)$$

である (図 12.8).

式 (12.16) から, 主な角度での振動数の変化を見てみよう.

近づくとき $(\theta = 0)$ $\quad \sqrt{\dfrac{1-\beta}{1+\beta}} < 1 \quad (\nu > \nu',\ 青方偏移)$

遠ざかるとき $(\theta = \pi)$ $\quad \sqrt{\dfrac{1+\beta}{1-\beta}} > 1 \quad (\nu < \nu',\ 赤方偏移)$

横方向$(\theta = \frac{1}{2}\pi)$ $\frac{1}{\sqrt{1-\beta^2}} > 1$ $(\nu < \nu'$, 赤方偏移$)$

横方向ドップラー効果は，純粋に相対論的な効果であり，つねに赤方偏移を起こす．光のドップラー効果は，星や銀河の観測の分析に欠かせない．特に，赤方偏移の分析で得られた，「銀河の後退速度が距離に比例する」というハッブルの法則の発見は，膨張宇宙の描像とビッグバン宇宙論への道を開いた．

例題 12.6

赤方偏移は $z = (\lambda' - \lambda)/\lambda$ で定義される．$z = 1$ の銀河の後退速度を求めよ．

[解] $z = \frac{\lambda'}{\lambda} - 1 = \sqrt{\frac{1+\beta}{1-\beta}} - 1 \to \beta = \frac{(z+1)^2 - 1}{(z+1)^2 + 1} = 0.6$. 光速の60%で後退する．

電磁場のローレンツ変換

電磁場がローレンツ変換で，どう変わるかを見よう．ポイント 10, 11 で見たように，電磁場は電磁ポテンシャルによって見通しよく記述できる．したがって，電磁ポテンシャルのローレンツ変換を知ればよい．電磁ポテンシャルは，ベクトルポテンシャル $\boldsymbol{A}$ とスカラーポテンシャル V で一組をなすから，相対論的な4元ベクトルとみなせる．じっさい，次元をあわせれば，V/c が第0成分の大きさと考えられ，4元電磁ベクトルは $A_\mu = (A_i, A_0) = (\boldsymbol{A}, -V/c)$ とみなせる．これより，電磁ポテンシャルのローレンツ変換は，式(12.9a, b)にならって，

$$\begin{aligned}
A'_x &= \gamma(A_x - \beta V/c), \\
A'_y &= A_y, \\
A'_z &= A_z, \\
V' &= \gamma(V - c\beta A_x)
\end{aligned} \quad (12.17)$$

電磁場は，電磁ポテンシャルにより(10.2)および(10.7)から

$$\boldsymbol{B} = \text{rot}\boldsymbol{A}, \quad \boldsymbol{E} = -\text{grad}\, V - \frac{\partial \boldsymbol{A}}{\partial t} = -\partial_i V - c\partial_0 \boldsymbol{A}$$

と表わせた．ただし，∂_i, ∂_0 は微分演算子 $\dfrac{\partial}{\partial x_\mu} = \partial_\mu$ を表わす．

ところで，電磁気現象の分析には，時空の微分が不可欠なので，微分の変換則をまとめておく．記号を簡略するために，$\dfrac{\partial}{\partial x_\mu} = \partial^\mu$ とおき，座標と微分の添え字はともに上付きとする．ローレンツ変換(12.9), (12.10)より，

$$\partial^1 = \frac{\partial}{\partial x^1} = \frac{\partial x'^1}{\partial x^1}\frac{\partial}{\partial x'^1} + \frac{\partial x'^0}{\partial x^1}\frac{\partial}{\partial x'^0} = \gamma(\partial'^1 - \beta\partial'^0) = \frac{\partial'^1 - \beta\partial'^0}{\sqrt{1-\beta^2}},$$

$$\partial^0 = \frac{\partial}{\partial x^0} = \frac{\partial x'^0}{\partial x^0}\frac{\partial}{\partial x'^0} + \frac{\partial x'^1}{\partial x^0}\frac{\partial}{\partial x'^1} = \gamma(\partial'^0 - \beta\partial'^1) = \frac{\partial'^0 - \beta\partial'^1}{\sqrt{1-\beta^2}},$$

$$\partial'^1 = \gamma(\partial^1 + \beta\partial^0) = \frac{\partial^1 + \beta\partial^0}{\sqrt{1-\beta^2}},$$

$$\partial'^0 = \gamma(\partial^0 + \beta\partial^1) = \frac{\partial^0 + \beta\partial^1}{\sqrt{1-\beta^2}}$$

座標と微分の添え字が下付きの場合$(x_\mu, \dfrac{\partial}{\partial x_\mu} = \partial_\mu)$の変換は，上付きの変換で，第0成分の符号を変えたものとなる．(x,y,z)座標表示では，

$$\partial'_x = \gamma(\partial_x + \beta\partial_t/c),$$
$$\partial'_y = \partial_y,$$
$$\partial'_z = \partial_z,$$
$$\partial'_t/c = \gamma(\beta\partial_x + \partial_t/c)$$

となる．よって，電磁場のローレンツ変換は以下で表わせる．

$$E'_x = E_x, \quad E'_y = \gamma(E_y - c\beta B_z), \quad E'_z = \gamma(E_z + c\beta B_y) \quad (12.18\text{a})$$

$$B'_x = B_x, \quad B'_y = \gamma(B_y + c\beta E_z), \quad B'_z = \gamma(B_z - c\beta E_y) \quad (12.18\text{b})$$

上より，慣性系の運動方向に垂直な成分だけが変換され，電場と磁場が以下のように組になって混ざり合うことに注目しよう．

> (E_y, cB_z), $(E_z, -cB_y)$ の組が，(x^0, x) のように変換で混ざる．

例題 12.7

電磁場のローレンツ変換(12.18a, b)を導け．

[解] いくつかについて示そう．まず

$$E'_x = -\gamma^2(\partial_x + \beta\partial_t/c) - \gamma^2(-c\beta A_x + \partial_x)(A_x - \beta V/c)$$
$$= -(\partial_x V + \partial_t A_x) = E_x$$

つぎに

$$E'_y = -\partial_y(-c\beta\gamma A_x + \gamma V) - (c\gamma\beta\partial_x + \gamma\partial_t)A_y$$
$$\quad - \gamma\beta(\partial_x A_y - \partial_y A_x) + \gamma(-\partial_y V - \partial_t A_y)$$
$$= \gamma(E_y - c\beta B_z)$$

さらに

$$B'_y = \partial_z(\gamma A_x - \gamma\beta V/c) - (\gamma\partial_x + \gamma\beta\partial_t/c)A_z$$
$$= \gamma(\partial_z A_x - \partial_x A_z) - (\gamma\beta/c)(\partial_z V + \partial_t A_z)$$
$$= \gamma(B_y + \beta E_z/c)$$

他も同様．各自たしかめよ．　∎

電磁場のローレンツ変換はわかった．では，マクスウェル方程式，すなわち電磁波方程式(11.9a, b)は，ローレンツ変換でどう変わるのだろう．それらに登場したダランベール演算子は，実は，4元ベクトルの微分の内積に等しい．

$$\Box = \frac{1}{r}\frac{\partial^2}{\partial r^2}(r) - c^{-2}\frac{\partial^2}{\partial t^2} = \partial^\mu \partial_\mu$$

したがって $\Box$ はローレンツ不変であるから，電磁波方程式はローレンツ

変換で，$\Box' A'_\mu = \Box A'_\mu$ となり 4 元ポテンシャルと同じに変換される．これより，電磁波の法則は慣性系で同型となるのである．

固有の時間と質量エネルギー

ローレンツ変換から，運動に伴い時間も変更を受けることがわかっている．では，運動する物体にローレンツ不変な固有の時間はないだろうか．手がかりは，光速不変の一般化にある．ローレンツ変換のもとに，

$$x^\mu x_\mu = \boldsymbol{r}^2 - (ct)^2 = x'^\mu x'_\mu = \boldsymbol{r}'^2 - (ct')^2 = -s \qquad (12.19)$$

は不変量となる．

(12.19)の原点の近くの微小変化を考えれば，上式より，

$$(d\boldsymbol{r})^2 - (cdt)^2 = (d\boldsymbol{r}')^2 - (cdt')^2$$

である．各系の物体の速度を，それぞれ $\dfrac{d\boldsymbol{r}}{dt} = \boldsymbol{v}$, $\dfrac{d\boldsymbol{r}'}{dt'} = \boldsymbol{v}'$ と置けば，

$$dt\sqrt{1-\left(\frac{\boldsymbol{v}}{c}\right)^2} = dt'\sqrt{1-\left(\frac{\boldsymbol{v}'}{c}\right)^2} \qquad (12.20\mathrm{a})$$

となる．すなわち，それぞれの系の微小時間に物体の速度で決まる因子 $\left(\sqrt{1-\left(\dfrac{\boldsymbol{v}}{c}\right)^2},\ \sqrt{1-\left(\dfrac{\boldsymbol{v}'}{c}\right)^2}\right)$ をかけると，各系に共通の時間，したがってローレンツ不変な時間が得られる．

$$d\tau = dt\sqrt{1-\left(\frac{\boldsymbol{v}}{c}\right)^2}, \quad \frac{dt}{d\tau} = \gamma_v = \frac{1}{\sqrt{1-\left(\dfrac{\boldsymbol{v}}{c}\right)^2}} \qquad (12.20\mathrm{b})$$

で定義される時間 τ は，運動する物体に固有の時間（**固有時間**）であり，ローレンツ不変量である[*7]．

固有時間で微分すれば，時空座標に対して相対論的 4 元速度が定義できる．

[*7] 速度は時間によるから，固有時間を求めるには，(12.20b) を積分すればよい．

$$\frac{d\boldsymbol{r}}{d\tau} = \frac{dt}{d\tau}\frac{d\boldsymbol{r}}{dt} = \gamma_v \boldsymbol{v}, \quad \frac{dct}{d\tau} = \frac{dx^0}{d\tau} = \gamma_v c$$

ここに，$\gamma_v = 1 / \sqrt{1 - \left(\dfrac{\boldsymbol{v}}{c}\right)^2}$ は，(12.20b)で導入された，時間の固有時間による微分である[*8]．相対論的速度 $\dfrac{dx^0}{d\tau}, \dfrac{d\boldsymbol{r}}{d\tau}$ の変換性は，固有時間が不変であるから，時空座標 $x^0, \boldsymbol{r}$ の変換性(つまりローレンツ変換)と同じである．相対論的速度に質量をかければ，相対論的4元運動量を定義できる．

$$\boldsymbol{p} = \gamma_v m \boldsymbol{v}, \quad p^0 = \gamma_v mc \qquad (12.21)$$

$p^0, \boldsymbol{p}$ の変換性も，$x^0, \boldsymbol{r}$ の変換性と同じである．したがって，4元座標ベクトルの内積(12.19)に対応する4元運動量ベクトルの内積，

$$p^\mu p_\mu = \boldsymbol{p}^2 - (p^0)^2 = \frac{m^2 \boldsymbol{v}^2 - m^2 c^2}{1 - \left(\dfrac{\boldsymbol{v}}{c}\right)^2} = -m^2 c^2 \qquad (12.22)$$

は，文字どおり不変(定数)となる．相対論的力の4元ベクトル $\boldsymbol{f}, f^0$ は，4元運動量ベクトルの固有時間微分により，

$$\frac{d\boldsymbol{p}}{d\tau} = \boldsymbol{f}, \quad \frac{dp^0}{d\tau} = f^0 \qquad (12.23)$$

で与えられる．4次元力は，非相対論的な力から，ローレンツ変換を満たす要請で求めるべきものである[*9]．

運動量と力の第4成分について考えよう．不変量(12.22)の両辺を τ で微分し，(12.21)，(12.23)を使うと，

$$p^0 \frac{dp^0}{d\tau} = \boldsymbol{p} \cdot \frac{d\boldsymbol{p}}{d\tau} \longrightarrow \gamma_v mc \frac{dp^0}{d\tau} = \gamma_v m \boldsymbol{v} \cdot \boldsymbol{f}$$
$$\longrightarrow \frac{dcp^0}{d\tau} = cf^0 = \boldsymbol{v} \cdot \boldsymbol{f}$$

が得られる．左辺の $\boldsymbol{v} \cdot \boldsymbol{f}$ は，単位時間に力のする仕事であるから，質点

[*8] この因子を，ローレンツ変換の(12.11)の因子と混同しないこと．
[*9] ローレンツ力 $\boldsymbol{f}_L = q(\boldsymbol{E} + \boldsymbol{v} \times \boldsymbol{B})$ に対応する相対論的力は，$\boldsymbol{f} = \gamma_v \boldsymbol{f}_L$ である．

のエネルギー E の時間変化に等しいはずである．

$$\frac{dcp^0}{d\tau} = cf^0 = \boldsymbol{v} \cdot \boldsymbol{f} = \frac{dE}{d\tau}$$

これよりまず，力の第 4 成分は力の仕事率と $f^0 = c^{-1}\boldsymbol{v}\cdot\boldsymbol{f} = c^{-1}\dfrac{dE}{d\tau}$ のように結びつく．また，運動量の第 4 成分は，エネルギーを与えることがわかる．空間成分とともにまとめると，

$$E = cp^0 = \frac{mc^2}{\sqrt{1-\left(\dfrac{\boldsymbol{v}}{c}\right)^2}}, \quad \boldsymbol{p} = \frac{m\boldsymbol{v}}{\sqrt{1-\left(\dfrac{\boldsymbol{v}}{c}\right)^2}} \qquad (12.24)$$

となる．さらに，(12.22) より，エネルギーを直接運動量で表わそう．

$$(cp^0)^2 - (c\boldsymbol{p})^2 = m^2c^4 \longrightarrow E = \sqrt{(mc^2)^2 + (c\boldsymbol{p})^2} \qquad (12.25)$$

得られた結果について考察しよう．まず，(12.24) よりエネルギーと運動量に表われる分母の項は，物体の速度が光速に近づくと，無限大となる．これは，物体の速度が，光速を越えないことの別の表現である．このことから，荷電粒子に高エネルギーを与える加速器は，粒子の速度が増すにつれ，この分母の増加に同調して電磁場の時間変化を調整しなければならない (**シンクロサイクロトロン**)．

つぎに (12.24) から，速度が 0 のとき，エネルギーは，

$$E(\boldsymbol{v} = 0) = mc^2 \qquad (12.26)$$

となる．質量はエネルギーと等価なのである (**アインシュタインの関係**)．このエネルギーを**質量エネルギー**と呼ぼう (静止エネルギーと呼ぶこともある)．

質量とエネルギーが等価であるという考えは，特殊相対論だけでなく，一般相対性理論でも基本的な役割を果たす．また，粒子や原子核の崩壊や反応などの前後で質量差 Δm があると，エネルギー Δmc^2 が発生する．このうち，核分裂は，原子力発電に利用され，核融合は，星のエネルギー源となっているが，原子爆弾や水素爆弾など大量破壊兵器のエネルギー源

でもある．これら核兵器が，いつかなくなることを望みたい．

---- 例題 12.8 ----

重水素 2 個がヘリウムとなる核融合反応 D+D → ^{4}He で生ずる，重水素 1 モル当たりのエネルギーを求めよ．ただし，D の質量は 2.0141 amu, He の質量は 4.0026 amu とする．amu は原子質量単位で，1 amu=1.66×10^{-27} kg である．

[解] 2 個の重水素の融合エネルギーは，
$$\Delta mc^2 = (2 \times 2.0141 - 4.0026)c^2 \text{ amu}$$
$$= 0.0256 \times 1.66 \times 10^{-27} \text{ kg} \times (3.0 \times 10^8 \text{ ms}^{-1})^2$$
$$= 3.82 \times 10^{-12} \text{ J}$$

となる．重水素 1 モルでは，
$$\frac{1}{2} \times 6.0 \times 10^{23} \times \Delta mc^2 = \frac{1}{2} \times 3.82 \times 6.0 \times 10^{23} \times 10^{-12} \text{ Jmol}^{-1}$$
$$= 1.15 \times 10^{12} \text{ Jmol}^{-1}$$

となる．

電磁気学から生まれた相対性理論は，ミクロな世界の概念を変革した量子力学とともに，現代物理学の 2 本の柱をなしている．

あとがき

　シリーズ「物理のキーポイント」の刊行が始まったのは 1995 年である．まず『キーポイント 量子力学』が出版され，つづいて，筆者が担当した『キーポイント 連続体力学』が出版された．翌年には，『キーポイント 力学』『キーポイント 熱・統計力学』が出版された．

　しかし，諸事情により『キーポイント 電磁気学』については，未刊のままだった．シリーズの編者の先生がたもこの事情を憂慮し，たまたま担当編集者から懇願され，筆者がその執筆を引き受けることになった．

　本書の特色は，「まえがき」でもふれた．とりわけ，このシリーズのなかで際立っているのは，多くの実験を取り上げたことである．読者には，ぜひ自分で試みることをお勧めする．一見，抽象的な電磁気学が身近なものに感じられるはずである．

　参考書としては，以下をあげておく．

　まず，クーロン，ファラデー，ヘルツの発見など，電磁気現象を多く含む物理実験の良い紹介書として，

　[1] 霜田光一：歴史をかえた物理実験，丸善，1996

を挙げておく．本書で触れなかった，マイケルソン-モーリーの実験も詳しい．

　[2] Glenn S. Smith：An Introduction to Classical Electromagnetic Radiation, Cambridge Univ. Press, 1997

は，ヘルツの実験を説明するのに参考にした．

電磁気学の本格的教科書として，

　[3] 太田浩一：電磁気学の基礎 I, II，東京大学出版会，2012

がある．物理一般を学ぶには，以下を順に読むとよい．

　[4] 米谷民明，生井澤寛：初歩からの物理学——物理へようこそ，放送大学教育振興会，2012

　[5] 生井澤寛，米谷民明：物理の世界，放送大学教育振興会，2011

　[6] 生井澤寛，吉岡大二郎：現代物理，放送大学教育振興会，2008

量子力学の入門に，

　[7] 生井澤寛，小形正男：量子物理，放送大学教育振興会，2009

場と相対論の解説書として，

　[8] 米谷民明，岸根順一郎：場と時間空間の物理——電気，磁気，重力と相対性理論，放送大学教育振興会，2014

　シリーズとしては異例の多くの実験を取り入れることを許してくださった編集部の吉田宇一氏には，その度量に感謝したい．

　また，筆者が執筆を引き受けることになってから4年が経過した．原稿完成は遅れに遅れて，やっと校了にこぎつけることができた．シリーズの刊行開始から，ずーっと『キーポイント 電磁気学』の刊行を待っていてくださった読者の方に，少しでもご期待に応えられるものになっていれば，望外の幸せである．

　最後に，執筆の遅いのを叱咤してくれた妻に感謝する．

索 引

英数字

4元ベクトル　218
MKSA単位系　33
SI（国際単位）系　33

ア　行

アインシュタインの関係　232
アンペールの力の法則　126
アンペールの法則　131
アンペール-マクスウェルの法則
　　183
イオン　108
位相　191
位相速度　191
位置エネルギー　69
円柱座標　67
円電流　136
オームの法則　109

カ　行

回転（rot）　65
回路素子　117
ガウスの定理　47, 52
ガウスの法則　45
　　——の積分形　47
　　——の微分形　49
重ね合わせの原理　34
偏り　193
ガリレイの相対性　211

ガリレイ不変性　153
ガリレイ変換　210
慣性系　210
完全反磁性　23
キャパシター（蓄電器）　61, 92
球面波　197
強磁性体　24
共鳴　195
強誘電体　100
キルヒホッフの法則　117
クーロンゲージ　169
クーロンの法則　28
クーロンポテンシャル　78
ゲージ場理論　189
ゲージ不変性　164
ゲージ変換　164
光速不変の原理　214
勾配（grad）　72
国際単位（SI）系　33
コンデンサー　93

サ　行

残留磁化　22
磁荷　20
磁化　22
磁化感受率　142
磁化電流　140
磁化ベクトル　139
磁化率　142
磁気　16

磁気双極子　20
磁気分極　22
磁気誘導　22
自己インダクタンス　174
仕事　62
磁石　16
磁束　20
磁束密度　20
質量エネルギー　232
時定数　182
磁場　18, 20
　——のエネルギー密度　177
　——のクーロンの法則　20
磁場ベクトル　20
周期　190
ジュール熱　115
循環　63
常磁性体　23
磁力線　19
進行波　191
振動数　191
ストークスの定理　64, 75
静磁場　119
静電遮蔽　56
静電場　54
静電ポテンシャル　70
静電誘導　11
世界点　218
赤方偏移　227
絶縁体　95
接触誘起電荷　7
接続条件　78
先進ポテンシャル　199
線積分　62
相互インダクタンス　173
相対性原理　214
速度の合成則　223
ソレノイド　133

タ　行

帯電球面　54
帯電状態　7
縦波　193
ダランベール演算子　187
ダランベールの解　198
担体電流　109
遅延ポテンシャル　199
蓄電器（キャパシター）　61, 92
中和状態　7
超関数　86
定在波　195
定常電流　110
デルタ関数　86
電圧　70
電位　70
電位差　70
電荷　7
電荷保存則　7, 114
電気　2
電気回路　117
電気感受率　99
電気双極子　40
電気抵抗　109
電気分解　107
電気分極　95
電気分極ベクトル　96
電気力線　37
電磁波方程式　187
電磁ポテンシャル　165
電磁誘導　148
電磁誘導の法則　149
電束　42
電束密度　43
電束密度電流　180
電池　104
点電荷　37
電場　37
　——のエネルギー密度　88

電流　104
等価回路　205
透磁率　142
導体　90
等電位面　73
ドップラー効果　225

　　　ナ　行

内積(3次元)　46
内積(4次元)　225
ナブラ(∇)　82

　　　ハ　行

場　35
箔検電器　9
波数　191
波数ベクトル　193
波長　190
発散(div)　47
発電機　155
波動方程式　189
反磁性体　23
ビオ-サバールの法則　128
比誘電率　102
ファラデーの法則　184
部分積分の公式　88
分極　22
分極電流　183
分極ベクトル　97
分散関係　191
平衡状態　90
平面波　193
ベクトル　29
ベクトル積(外積)　82
ベクトルポテンシャル　163
変位電流　180

偏微分　47
ポアソン方程式　84
ホイヘンスの原理　199
放電　4
保存力　64
保存力場　64
ポテンシャルエネルギー　69

　　　マ　行

マクスウェル方程式　185
摩擦　2
ミンコフスキー空間　218
面積分　47
面素ベクトル　46

　　　ヤ　行

誘起電荷　91
誘電体　95
　──の電束密度ベクトル　97
誘電体中のガウスの法則　97
誘電体の電束密度ベクトル　97
誘電分極　95
誘電率　99
誘導起電力　148
横波　193

　　　ラ　行

ラプラス演算子　83
連続極限　48
レンツの法則　149
ローレンツゲージ　188
ローレンツ収縮　221
ローレンツ条件　188
ローレンツ変換　220
　電磁場の──　228
ローレンツ力　125

生井澤 寛

1941年千葉市に生まれる．
1964年東京大学理学部物理学科天文学コース卒．
現在　放送大学客員教授，理学博士．
専攻　物性理論，低温物理．

物理のキーポイント2
キーポイント電磁気学

2015年5月26日　第1刷発行

著　者　生井澤 寛
　　　　なまいざわひろし

発行者　岡本　厚

発行所　株式会社　岩波書店
　　　　〒101-8002　東京都千代田区一ツ橋2-5-5
　　　　電話案内　03-5210-4000
　　　　http://www.iwanami.co.jp/

印刷・精興社　製本・中永製本

© Hiroshi Namaizawa 2015
ISBN 978-4-00-007957-0　　Printed in Japan

R〈日本複製権センター委託出版物〉　本書を無断で複写複製（コピー）することは，著作権法上の例外を除き，禁じられています．本書をコピーされる場合は，事前に日本複製権センター（JRRC）の許諾を受けてください．
JRRC　Tel 03-3401-2382　http://www.jrrc.or.jp/　E-mail jrrc_info@jrrc.or.jp

和達三樹・薩摩順吉編

物理のキーポイント（全5冊）　　A5判並製，平均224頁

物理を好きになるための難所・急所の攻略法を，読者の素朴な疑問から出発して，ていねいに示す．

1　キーポイント力学　　　　　　　吉田春夫　　（本体 2500 円）

2　キーポイント電磁気学　　　　　生井澤寛　　（本体 2700 円）

3　キーポイント熱・統計力学　　　相沢洋二　　（本体 2700 円）

4　キーポイント連続体力学　　　　生井澤寛　　（本体 2700 円）

5　キーポイント量子力学　　　　　藤原毅夫　　（本体 2600 円）

―――― 岩波書店刊 ――――

定価は表示価格に消費税が加算されます
2015 年 5 月現在

和達三樹・薩摩順吉編

理工系数学のキーポイント（全10冊）　A5判並製，平均200頁

読者がもっとも知りたい疑問や自信のもてない急所を選び，著者自らが学んだ経験を活かして，その攻略法をわかりやすく示す．

1	キーポイント微分積分	川村　清	（本体 2500 円）
2	キーポイント線形代数	薩摩順吉・四ツ谷晶二	（本体 2200 円）
3	キーポイントベクトル解析	高木隆司	（本体 2400 円）
4	キーポイント複素関数	表　　実	（本体 2300 円）
5	キーポイント微分方程式	佐野　理	（本体 2500 円）
6	キーポイント確率・統計	和達三樹・十河　清	（本体 2300 円）
7	キーポイント多変数の微分積分	小形正男	（本体 2600 円）
8	キーポイント行列と変換群	梁　成吉	（本体 2700 円）
9	キーポイントフーリエ解析	船越満明	（本体 2700 円）
10	キーポイント偏微分方程式	河村哲也	（本体 2500 円）

—— 岩波書店刊 ——

定価は表示価格に消費税が加算されます
2015 年 5 月現在